happyh
pyhappy
y.recipe
해피해피레시피

해피해피레시피

까 눌 레

제1판 3쇄 발행 | 2021 년 10월 30일

지은이   해피해피케이크
펴낸이   박성우
디자인   정해진 www.onmypaper.com
펴낸곳   청출판
주소   경기도 파주시 안개초길 18-12
전화   070-7783-5685 | 팩스 031-945-7163
전자우편 sixninenine@daum.net
등록   제406-2012-000043호

ISBN | 978-89-92119-72-6 13590

HAPPY HAPPY RECIPE

CANNELÉ

해피해피레시피

까눌레

해피해피케이크 지음

정말 맛있는 15개의 까눌레를 시작하며

4

까눌레가 우리에게 알려진 건 오래되지 않았습니다. 겉은 탄듯하고 속은 촉촉한 까눌레를 처음 접하는 분들은 "혹시 겉이 탄 것은 아닌가요?" 라거나 "맛있는 까눌레란 무엇이죠?" 라는 질문들을 종종 하거든요. 이처럼 우리에게 생소한 까눌레는 프랑스에서는 매우 오랜 전통을 가지고 있는 제품입니다. 까눌레cannelé de Bordeaux는 프랑스 보르도 지방에서 와인을 제조할 때 필요한 달걀 흰자를 사용하고 남은 노른자를 활용할 방안을 고민하다가 생겨났다는 이야기가 있어요. 그래서 까눌레는 마치 노른자를 사용하여 만든 파티시에르 크림을 살짝 익혀낸 듯한 식감을 가지고 있습니다. 그리고 이 맛과 식감이 우리나라의 길거리 과자인 풀빵을 닮았다고 해서 어떤 사람들은 '한국식 풀빵'이라고 표현하기도 해요.

풀빵 같기도 하고, 구운 크림 같기도 한 까눌레의 제대로 된 맛있는 식감은 겉은 적당히 캐러멜라이즈되어 바삭하고, 속은 촉촉하며 기공이 고르게 분포되어 덩어리지지 않고 쫀득한 식감을 갖는 것입니다. 물론 선호도에 따라 맛과 식감이 조금씩 다른 제품을 만들 수 있고, 정답은 없겠지만 우리는 전통적인 까눌레의 맛에 기본을 두어 레시피를 만들려고 노력했습니다. 전통적인 형태의 까눌레는 물론이고, 추가로 까눌레의 풍미와 식감에 어울리는 다양한 15가지 맛의 베리에이션을 담아서 까눌레가 어려운 프랑스 과자가 아닌 좀 더 친숙하게 만날 수 있기를 바랍니다.
조금은 생소하게 느낄 수 있는 품목이지만 요즘 해피해피케이크숍에서도 까눌레의 인기는 나날이 늘고 있고 한 번 먹어본 사람들은 꼭 찾는 디저드가 되고 있습니다. 이 책과 함께 마음에 드는 까눌레를 한 품목씩 만들어 본다면 분명 매력에 푹 빠질 거라고 생각합니다. 가볍고 유행을 타는 디저트보다는 클래식한 제품의 진짜 매력을 까눌레를 통해 꼭 느껴 보았으면 좋겠습니다.

CONTENTS

RECIPE **01**

바닐라

-

032

RECIPE **02**

쇼콜라

-

038

RECIPE **03**

소금 캐러멜

-

046

RECIPE **04**

말차

-

054

RECIPE **05**

얼그레이

-

060

RECIPE **06**

흑임자

-

068

RECIPE **07**

바나나

-

074

RECIPE **08**

에멘탈

-

082

RECIPE **09**

무화과

-

088

RECIPE **10**

옥수수

-

094

RECIPE **11**

몽블랑

-

100

RECIPE **12**

커피&토피

-

106

RECIPE **13**

쑥&팥

-

112

RECIPE **14**

애플타탕

-

118

RECIPE **15**

메이플&피칸

-

126

CANNELÉ MASTERCLASS
까눌레 마스터클래스

까눌레 반죽은 주어진 재료를 잘 섞어 만드는 다소 간단해 보이는 공정으로 이루어져 있습니다. 하지만 재료를 섞는 과정 혹은 순서가 바뀌는 등의 사소한 차이로도 결과물이 크게 달라지는 제법 까다로운 제품이기도 해요. 그렇기 때문에 꼭 까눌레 마스터클래스를 통해 까눌레 만들기의 기본 공정을 제대로 익히고 여러 가지 까눌레를 만들어 보길 추천합니다. 마스터클래스의 기본 공정만 익혀 두면 까눌레 반죽은 무엇이든 어렵지 않게 만들 수 있을 거라고 생각해요. 이 책은 까눌레에서 가장 중요한 공정을 세 가지로 나누어 설명하고 있습니다. 첫 번째는 반죽 만들기, 두 번째 안정적인 제품을 구워내기 위한 까눌레 몰드 준비하기, 그리고 까눌레 특유의 좋은 식감을 결정하는 굽기. 이 세 가지 공정은 겉은 바삭하며 속은 촉촉한 까눌레 특유의 식감을 만들기 위한 중요한 공정이며, 좋은 풍미의 제품을 완성하기 위한 기본입니다. 기본 공정과 포인트를 익히고 까눌레 만들기를 차근차근 시작해 보았으면 좋겠습니다.

클래식 까눌레

지름 5.5㎝×높이 5.5㎝의 까눌레 틀 약 10개 분량, 210도 18분, 180도 40분

전통적인 까눌레는 우유, 버터, 설탕, 달걀, 밀가루, 럼 등의 재료로 만들어 집니다. 완성된 반죽이 매우 묽은 크림처럼 만들어 지고 이것을 오랜 시간 오븐에 구워 익히기 때문에 표면은 오븐의 오랜 열에 노출되어 진하게 캐러멜라이즈되어 바삭한 크러스트를 형성하게 됩니다. 또한 속은 마치 크림을 구워낸 것처럼 촉촉하게 느껴져요. 또한 클래식한 까눌레에는 럼을 주로 사용하기 때문에 반죽에 진한 럼의 풍미가 남아있는 것이 특징입니다.

INGREDIENT

우유 500g
버터 25g
-
설탕 240g
-
박력분 70g
강력분 50g
-
전란 25g
노른자 45g
-
럼 20g

반죽 만들기

[준비]

01. 우유와 버터는 냄비에 함께 계량합니다.

02. 가루류(박력분, 강력분)는 함께 계량하여 큰 볼에 체쳐서 둡니다.

03. 전란과 노른자는 함께 큰 볼에 계량합니다.

04. 까눌레 몰드에 밀납을 입혀 준비합니다. (p22 참고)

14

1. 설탕의 ⅔는 체쳐둔 가루류에 넣고 잘 섞어둡니다.
2. 설탕의 ⅓은 전란과 노른자가 함께 계량된 볼에 넣고 휘퍼를 이용하여 잘 섞어줍니다. 달걀이 약간 뽀얗게 될 정도까지 고르게 잘 섞고, 이때 과하게 공기 포집을 하지는 않습니다.

3. 우유와 버터는 불에 올려 데웁니다. 이때 버터가 잘 녹을 수 있도록 저어줍니다. 버터가 녹기 전 우유가 끓기 시작하면 수분이 증발하여 레시피의 수분량이 손실될 수 있으므로 우유가 끓기 전 버터가 모두 녹을 수 있도 록 데웁니다. 냄비 가장자리 부분이 살짝 끓기 시작할 때 불에서 내리면 되며, 온도계가 있다면 80도 정도까지 온도를 올려 사용합니다.

4. 3이 데워지면 2에 조금씩 부으며 잘 섞어줍니다. 조금씩 조금씩 잘 섞어 혼합하도록 합니다. 데워진 우유를 조 금씩 섞지 않고 갑자기 달걀에 한번에 섞게 되면 달걀이 부분적으로 익거나 덩어리가 질 수 있으므로 주의합 니다.

5. 4를 1에 조금씩 더하며 휘퍼로 잘 섞어줍니다. 처음 ½ 정도를 먼저 붓고, 가루가 덩어리지시 않노녹 싸은 ▼ 나머지를 모두 더해 섞습니다. 이때 살살 조심스럽게 섞는 것이 좋으며 잘 섞이면 더 이상 과하게 섞지 않습니 다. (까눌레 반죽은 글루텐이 과하게 생성되는 것이 좋지 않습니다. 너무 많이 치대어 섞게 되면 글루텐이 필요 이상으로 생성 되어 반죽이 빵처럼 부풀 수 있으므로 주의합니다.)

18

6. 잘 혼합된 반죽에 마지막으로 럼을 넣어 섞어서 마무리합니다.

클래식 까눌레 반죽에는 일반적으로 럼을 많이 사용합니다. 럼을 비롯한 리큐르는 까눌레의 풍미를 좋게 하는 재료로 사용되며 레시피에 따라 어울리는 것으로 대체하여 사용할 수 있습니다. 리큐르 등의 재료에 대한 자세한 내용은 p134를 참고하세요.

7. 완성된 반죽은 고운 체에 내려서 마무리합니다.

(까눌레 반죽은 너무 과하게 치대어 잘 혼합하는 것보다는 날가루가 보이지 않을 만큼만 가볍게 섞어 완성하기 때문에 꼭 체에 내려서 잘 섞이지 않은 가루 뭉침 등을 풀어주는 것이 좋습니다.)

8. 용기에 담아 냉장으로 하루 보관 후 사용합니다.

완성된 까눌레 반죽의 경우 당일은 아직 굽기에 적당한 상태가 아닙니다. 반죽이 잘 혼합되고 과하게 잡힌 글루텐이 냉장 휴지되는 동안 어느 정도 안정화 될 수 있도록 하루 정도 냉장고에 숙성 후 사용합니다. 3일 정노 냉싱 보관이며 시용 기ㄴ힙니디. 수성이 뇐지 않은 반죽을 바로 굽게 되면 비교적 부풀거나 기공이 안정적이지 못할 수 있고 풍미도 덜하게 느껴집니다.

까눌레 틀 준비하기

까눌레는 전통적으로 요철이 있는 모양의 구리로 된 틀에 굽는 것을 기본으로 하고 있어요. 현대에는 까눌레 모양의 실리콘 몰드 등도 만들어지고 있기는 하지만 구리로 된 틀이 가장 클래식한 특유의 식감을 만들기에 적합합니다. 구리로 만들어진 까눌레 몰드는 열 전도가 고르게 되어 까눌레 반죽을 구울 때 표면의 색을 고르게 나게 하며, 적당한 두께의 크러스트가 생기게 해주어 겉은 바삭하면서 속은 촉촉한 까눌레만의 독특한 식감을 만들어냅니다. 구리로 된 까눌레 전용 몰드를 준비하고 까눌레를 구울 준비를 시작해 보겠습니다. 까눌레 틀 준비하기는 틀 길들이기와 밀납 입히기로 이루어집니다.

[틀 길들이기]

까눌레 몰드는 구입하여 바로 사용하는 것보다 오븐의 온기에 익숙해지게 하는 작업을 거치는 것이 좋습니다. '틀을 길들인다'라고 하는 이 과정은 몰드를 오븐의 열기에 익숙하게 만들어 실제로 반죽을 넣어 구울 때 좀 더 안정적인 내상과 좋은 식감을 내는 데에 도움이 되도록 하는 과정입니다. 까눌레를 굽기 위한 전용 몰드를 구입했다면 반죽을 굽기 전 틀을 길들이는 과정을 꼭 거쳐서 사용하기를 추천합니다.

1. 새로 구입한 몰드는 깨끗하게 세척하여 준비합니다.
2. 몰드에 식용유를 70% 담고 200도의 오븐에서 15분 굽습니다.
3. 식용유를 제거한 틀은 키친타월 등으로 닦고 식힌 후 2의 과정을 3회 이상 반복합니다.

[밀납 입히기]

길들여진 틀은 반죽을 굽기 전 틀 안쪽에 밀납을 얇게 입혀서 사용합니다. 이것은 케이크 틀에 버터를 바르는 것과 같이 반죽이 몰드에서 잘 떨어지게 하는 역할을 합니다. 밀납은 최대한 얇게 입혀 주는 것이 좋아요. 밀납이 두껍게 입혀질 경우 완성된 까눌레의 표면에 밀납이 두껍게 남게 되어 까눌레를 먹을 때 입 안에 불편한 느낌을 남길 수 있습니다. 얇고 고르게 밀납을 입히는 방법을 확인하고 까눌레 구울 준비를 해보세요.

밀납은 벌집을 만들기 위해 꿀벌이 분비하는 물질로 상온에서 단단하게 굳는 특징을 가지고 있습니다. 까눌레를 만들 때에는 전통적으로 밀납을 사용해 왔는데 틀에 버터 칠을 하는 것처럼 반죽을 틀에서 잘 떨어지게 하는 역할을 합니다. 까눌레 몰드에 얇게 입히기 위해서는 밀납을 뜨겁게 녹여서 사용하며 식품용 천연 밀납을 사용하는 것이 좋습니다.

밀납 많이 입혀진 것   밀납 적당히 입혀진 것

1. 길들이기가 끝난 까눌레 몰드는 오븐에 넣어 뜨겁게 달궈서 준비합니다. 약 160도
   의 오븐에 15분 이상 두어 몰드가 완벽하게 예열될 수 있도록 해주세요.
   몰드가 충분히 예열되지 않은 상태에서 밀납을 입히게 되면 몰드 안쪽에 밀납이 지
   나치게 두껍게 입혀질 수 있으므로 주의합니다. (여분의 밀납이 흘러내릴 수 있도록 식힘
   망과 함께 깊은 철판을 준비하면 좋습니다.)

2. 밀납을 뜨겁게 녹여서 준비합니다. (밀납은 한번 묻으면 세척하여 닦아내기 힘들기 때문에
   같은 용도로 사용할 밀납을 녹이기 위한 전용 용기를 따로 두는 것이 좋습니다. 밀납의 크기에
   따라 녹는 시간은 다를 수 있으나 160도의 오븐에 두어 덩어리가 남지 않고 완벽히 녹으면 사용
   합니다.)

3. 뜨겁게 녹여진 밀납을 예열되어 있던 까눌레 몰드에 ⅔ 이상 채운 후 바로 다시 비
   워냅니다. 이 과정에서 까눌레 몰드 안쪽에 밀납이 얇게 입혀지게 되며, 비워낸 까
   눌레 몰드는 바로 뒤집어서 여분의 밀납이 떨어지도록 합니다.

4. 밀납이 입혀진 몰드는 밀납이 입혀지지 않은 몰드와 구분하여 보관하고, 완성된 반
   죽을 담아 구울 수 있습니다. 한 번 사용한 몰드는 1~3의 밀납 입히기 과정을 다시
   진행하여 준비하고 필요할 때 사용합니다.

굽기

[준비]

오븐을 210도로 예열하여 준비합니다.

1. 완성 후 휴지까지 완료된 반죽은 준비된 틀에 ⅔ 정도 붓습니다. 잘 만들어진 까눌레 반죽은 구워지면서 부풀었다가 다시 자연스럽게 가라앉으며 완성됩니다. 틀에 반죽을 붓는 양 그대로 까눌레의 크기가 된다고 생각하고 틀의 ⅔ 정도를 채워줍니다.

2. 210도로 예열된 오븐에 반죽을 넣고 18분간 굽습니다.
   예열이 부족한 오븐에 까눌레 반죽을 넣을 경우 반죽의 윗면이 구움 색이 잘 나지 않고 하얗게 완성되는 경우가 있습니다. 꼭 충분히 오븐을 예열한 후 반죽을 넣습니다.

3. 온도를 180으로 바꾼 후 40분 더 굽습니다.
   이때 오븐 내부의 온도를 빨리 180도로 떨어뜨리기 위해 약 2~3분 간 오븐 문을 반쯤 열어 놓았다가 오븐 내부의 온도가 180도가 되면 오븐 문을 닫습니다.
   까눌레는 완성된 반죽의 상태를 눈으로 보거나 꼬지 등으로 찔러 테스트하여 다 익었는지를 판단하기 어렵습니다. 기본은 p27의 온도와 시간을 참고하되(오븐이나 몰드의 크기에 따라) 조금씩 다를 수 있으므로 완성된 까눌레가 표면이 너무 두껍게 형성되었다면 온도를 낮추거나 시간을 줄이고, 색이 나지 않는다면 온도를 높이거나 굽는 시간을 늘려서 완성도를 높입니다.

4. 반죽이 모두 구워지면 바로 틀을 뒤집어 반죽을 빼줍니다.

5. 까눌레는 충분히 식힌 후에 맛을 보아야 제대로된 식감을 느낄 수 있습니다. 아직 뜨거울 때 자르거나 먹는다면 덜 익은 것처럼 느껴질 수 있어요. 고온에서 오랜 시간 구워낸 제품이기 때문에 충분히 식혀서 따뜻한 기운이 느껴지지 않을 때 먹습니다.

3-1

3-2

26

1 재료의 계량을 정확히 합니다.

해피해피레시피 시리즈의 성공포인트에서 계속 강조하고 있는 재료의 계량을 다시 한번 강조합니다. 해피해피레시피의 레시피는 1g, 2g까지 수차례 테스트하여 만들어진 섬세한 레시피입니다. 소량의 계량이 달라진다고 제품에 아주 치명적인 영향은 없겠지만 최대한 좋은 맛과 식감의 제품을 완성하길 바라는 마음으로 오랜 시간을 들여 만든 레시피인 만큼 계량을 꼭 정확하게 해주세요. 특히 까눌레의 경우에는 재료의 배합이 반죽의 완성도에 영향을 많이 미치는 제품이므로 무엇보다 꼭 정확하게 계량을 해주면 좋습니다. 재료를 임의로 비슷한 다른 재료로 대체하거나 줄이면 제품의 완성도가 많이 달라질 수 있는 까눌레 레시피의 특성상 정확한 계량을 꼭 지켜주세요.

2 과도한 글루텐 형성에 주의하며 반죽을 만듭니다.

까눌레 반죽은 대부분 우유와 달걀로 이루어져 있습니다. 약간의 가루류를 넣어서 형체를 형성해주어 마치 구운 크림과 같이 특유의 식감으로 완성되게 합니다. 여기에서 가루 양이 많아지거나 혹은 제대로 계량되었더라도 반죽을 만들 때 과도하게 휘젓는 동작으로 글루텐이 과도하게 형성되면 까눌레 반죽이 빵처럼 부풀어 제대로 된 식감으로 완성되지 못할 수 있어요. 까눌레 반죽은 글루텐 형성의 정도에 따라 완성된 제품의 모양과 내상 식감이 많이 달라질 수 있는 제품입니다. 반죽을 만들 때에 필요 이상으로 많이 치대거나 휘젓는 동작을 줄이고 레시피의 주의사항을 확인하고 반죽을 만들어 주세요.

3 구리로 된 까눌레 전용 몰드를 사용합니다.

전통적인 까눌레 반죽은 구리로 된 몰드를 사용하여 구워 왔습니다. 반죽에 힘이 없고 고온에서 오래 구워내는 반죽의 특성상 열 전도가 고르게 되는 몰드를 사용하는 것이 까눌레를(고르게 그리고 속까지 충분히) 잘 구워내는 데에 도움이 되기 때문입니다. 요즘은 까눌레 모양의 실리콘 몰드나 일반 철제로 만들어진 틀도 만들어지고 있기는 하지만 가능하면 전통적인 형태의 구리 몰드를 사용하여 굽기를 권장합니다. 몰드 크기는 일반적인 것부터 미니 사이즈까지 여러 종류가 있으며 크기에 따라 오븐의 굽는 온도와 시간을 조절하는 것이 좋습니다. 틀이 작을수록 온도를 낮추거나 굽는 시간을 줄여서 조절합니다. 이 책에서는 클래식한 까눌레의 식감과 전통적인 형태를 살리기 위해 까눌레 전용 구리 몰드를 사용하고 있으며 굽는 시간과 온도는 오븐에 따라 조금씩 다를 수 있으나 기본적으로 오른쪽의 기본을 따르면 큰 어려움 없이 까눌레를 잘 구울 수 있습니다.

[까눌레 몰드 크기별 굽는 시간 안내]

(지름×높이 = 지름 5.5cm×높이 5.5cm)
200도 / 18분 － 180도 / 40분

(지름×높이 = 지름 4.5cm×높이 4.5cm)
210도 / 17분 － 180도 / 30분

(지름×높이 = 지름 3.5cm×높이 3.5cm)
210도 / 15분 － 180도 / 25분

4 몰드에 밀납을 입혀서 굽습니다.

까눌레 몰드는 안쪽 면에 밀납을 입혀서 사용하게 됩니다. 이는 반죽이
구워지고 난 후 틀에서 잘 떨어지게 하기 위함이며 표면에 적당한 크러
스트를 형성하며 동시에 미끄러지듯 틀에서 반죽이 떨어지면서 잘 구
워지게 됩니다. 이때 주의해야 할 점은 밀납을 전체적으로 잘 코팅하되
너무 두껍지 않도록 하는 것입니다. 밀납이 두껍게 코팅되면 반죽이 틀
에서 잘 떨어질 수는 있지만 구워진 까눌레 표면에 밀납이 필요 이상으
로 남게 되어 좋지 않은 맛을 낼 수 있기 때문입니다.
천연 밀납은 제과재료상 혹은 양봉농장을 통해 구입 가능하며 뜨겁게
녹인 후 준비된 몰드에 부어서 얇게 입히는 작업을 미리 해놓습니다.
틀에 밀납을 입히는 방법은 p22를 참고합니다. 밀납을 입힌 틀은 한 번
사용 후 밀납을 다시 입혀 사용해야 합니다.

5 반죽을 완성하여 휴지한 후 사용합니다.

까눌레 반죽은 만들어서 바로 굽는 것보다 냉장 숙성 후 사용하는 것이 좋습니다. 숙성하지 않은 까눌레 반죽은 과하게 부풀어서 내상이 좋지 않게 완성될 수 있고, 풍미 또한 덜하게 만들어집니다. 완성된 반죽은 꼭 하루 숙성 후 사용하는 것이 좋으며 3일 정도 냉장 보관하면서 사용 가능합니다. 필요한 분량의 까눌레 반죽을 한번에 만들어 두었다가 3일 정도 두고 그때그때 필요한 만큼 조금씩 굽는 것도 좋은 방법입니다. 달걀, 우유 등이 많이 들어가는 반죽이므로 꼭 냉장 보관하고, 3일 이상 두고 사용하는 것은 좋지 않습니다.

6 까눌레를 맛있게 먹을 수 있는 기간은 하루입니다.

까눌레 반죽은 구워낸 당일 하루 정도 맛있게 먹을 수 있습니다. 잘 구워진 까눌레 반죽은 겉은 바삭하고 속은 촉촉하며 쫀득한 상태인데 하루 이상 지나게 되면 까눌레 내부의 수분이 표면까지 전해져서 바삭한 식감이 사라지고 전체적으로 말랑말랑한 식감으로 바뀌게 됩니다. 이렇게 되면 까눌레의 좋은 식감을 느끼기 어려우므로 까눌레는 만든 당일 맛보는 것이 가장 좋습니다. 반죽을 냉장고에 두고 3일 정도는 사용할 수 있기 때문에 당일 필요한 분량만 굽는 것이 좋습니다.

7 보관을 해야 한다면

꼭 보관을 해야 할 상황이라면 반죽을 모두 구워서 냉동실에 보관할 수 있습니다. 냉동한 까눌레는 냄새가 배지 않도록 밀봉하여 보관하며, 필요할 때 오븐에서 살짝 구워서 찬기를 식히고 수분을 날려줍니다. 당일 구워낸 완벽한 맛과 풍미를 그대로 내지는 못하지만 꼭 필요한 경우 가정에서는 완성된 제품을 냉동 보관할 수 있습니다. 냉동한 완성 제품은 따로(실온에서) 해동하지 않고 100도로 예열된 오븐에 15분 정도 구워서 찬기를 날린 후 드실 수 있습니다.

1 까눌레가 과하게 부풀면서 구워졌어요.

반죽을 만드는 중 가루를 과하게 치대어 섞는 경우 생길 수 있는 현상입니다. 밀가루는 많이 치
댈수록 글루텐이 많이 형성되는데 일반적으로 이 글루텐은 반죽의 골격을 형성
하는 역할을 하게 됩니다. 하지만 반면에 너무 과하게 글루텐이 형성되면 필요
이상으로 빵처럼 볼륨감 있게 부풀어진 반죽으로 완성되기도 합니다. 또한 완
성된 반죽을 잘 섞어서 사용하지 않아 가라앉아 있는 되직한 반죽 쪽만 따로
구워지게 될 경우에도 역시 가루 양이 상대적으로 많은 반죽의 상태로 사용하
게 되므로 부풀면서 구워지게 됩니다.

2 까눌레 속이 가라앉았어요.

계량이 잘못되어 반죽에 수분량이 많아졌다거나 완성된 반죽을 몰드에 담을 때
잘 섞지 않아 윗면에 떠오른 묽은 반죽 부분만을 사용했을 경우 잘 부풀지 않고,
속이 계속 익지 않는 상태로 완성될 수 있습니다. 가루 양에 비해 상대적으로
수분이 많은 반죽은, 반죽을 지탱해주는 힘이 부족해서 형태 유지가 어려워요.

3 까눌레 윗면에 색이 잘 나지 않았어요.

까눌레 윗면에 색이 나지 않는 이유는 반죽이 구워지는 동안 틀에 닿지 않은
상태로 구워졌기 때문입니다. 또한 글루텐이 과다하게 잡힐 경우 반죽이 과하
게 부풀어서 팽창하면서 부푼 반죽이 틀에 걸려 다시 바닥까지 내려오지 못하
는 경우에도 발생할 수 있으며, 오븐의 예열 온도가 낮은 상태에서 구워지게
되어 표면에 색이 덜 나게 될 수도 있습니다.

4 **까눌레가 몰드에서 잘 떨어지지 않아요.**

까눌레 몰드는 전통적으로 밀납을 입혀서 사용하고 있습니다.(p22 참고) 밀납을 얇게 입힌 틀에 까눌레를 굽게 되면 반죽이 구워지는 동안 작은 기포를 내며 끓으면서 구워지게 되어 까눌레 특유의 기공이 있는 내상을 갖게 됩니다. 또한 밀납이 잘 입혀져 있는 경우 반죽이 틀에서 깨끗하게 떨어지며 밀납을 입히지 않은 틀을 사용하는 경우에는 반죽이 틀에 붙어 반죽이 틀에서 나오기 어렵습니다. 밀납이 없을 경우 틀 안쪽 면에 버터를 칠해서 사용하는 경우도 있습니다. 버터를 사용하게 되면 구운 후 반죽이 붙지 않고 잘 떨어지기는 하지만 밀납에 비해 까눌레 표면의 광택감이 덜하고 크러스트의 두께가 다소 얇게 만들어집니다.

5 **까눌레를 먹을 때 입 안에 이물감이 많이 남아요.**

까눌레 몰드에 밀납이 두껍게 입혀지는 경우에 여분의 밀납이 반죽에 많이 남아 있을 수 있습니다. 밀납이 두껍게 입혀진 반죽은 입 안에 남아 이물감이 느껴지게 합니다. 까눌레 몰드에 밀납을 꼭 입혀서 사용하지만 최대한 얇게 입혀서 굽는 것이 좋습니다. 몰드에 밀납을 입히는 방법은 p22를 참고하세요.

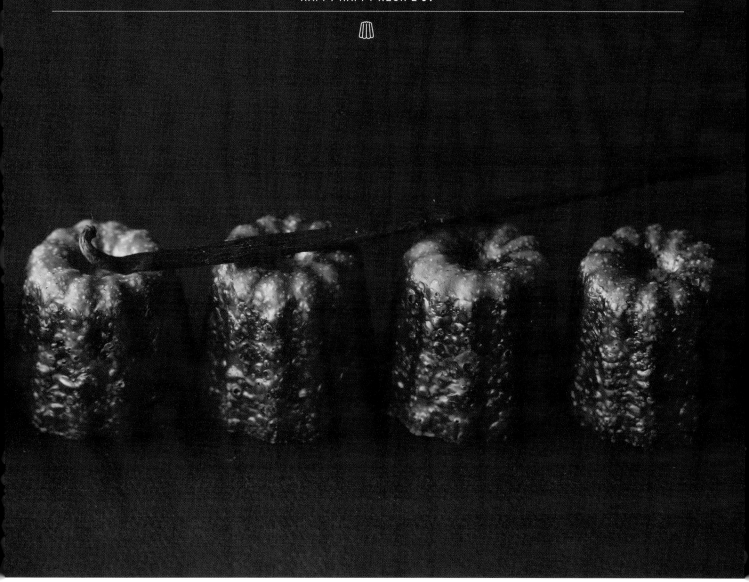

바닐라 까눌레
Vanilla Cannelé

분량 지름 5.5㎝ 높이 5.5㎝의 까눌레 틀 약 10개 분량
온도 210도 18분, 180도 40분

향긋한 바닐라 향이 진한 까눌레를 만들고 싶다면 천연 바닐라빈, 그리고 바닐라 향의 꼬냑을 사용하여 바닐라 풍미의 까눌레를 완성할 수 있어요. 바닐라는 제과제품에 가장 많이 사용하는 향신료로 까눌레 특유의 식감과 맛에 잘 어울립니다. 럼을 넣어 만드는 클래식한 까눌레와는 또 다른 매력의 진하고 향긋한 바닐라 까눌레를 만들어 보세요.

INGREDIENT

우유 500g
버터 25g
-
설탕 240g

박력분 70g
강력분 50g
-
전란 25g
노른자 45g
-
바닐라빈 1개
바닐라 꼬냑 20g

[준비]

01. 우유와 버터는 냄비에 함께 계량합니다.

02. 바닐라빈은 반을 갈라서 씨를 꺼내고 씨와 껍질 모두 우유+버터 냄비에 함께 담아둡니다.

03. 가루류(박력분. 강력분)는 함께 계량하여 큰 볼에 체쳐서 둡니다.

04. 전란과 노른자는 함께 큰 볼에 계량합니다.

05. 까눌레 몰드에 밀납을 입혀 준비합니다. (p22 참고)

[만들기]

1. 설탕의 ⅔는 체쳐둔 가루류에 넣고 잘 섞어둡니다.

2. 설탕의 ⅓은 전란과 노른자가 함께 계량된 볼에 넣고 휘퍼를 이용하여 잘 섞어줍니다. 달걀이 약간 뽀얗게 될 정도까지 고르게 잘 섞고. 이때 과하게 공기 포집을 하지는 않습니다.

3. 우유와 버터는 불에 올려 데웁니다. 버터가 잘 녹도록 저어주며 냄비 가장자리 부분이 살짝 끓기 시작할 때 불에서 내립니다. 온도계가 있다면 80도 전도까지 온도를 올려 사용합니다.

4. 3이 데워지면 2에 조금씩 부으며 잘 섞이줍니다. 조금씩 조금씩 잘 섞어 혼합하도록 합니다. 덩어리지지 않도록 주의합니다.

4-1

4-2

5. 4를 1에 조금씩 더하며 휘퍼로 잘 섞어줍니다. 처음 ⅓ 정도를 먼저 붓고
가루가 덩어리지지 않도록 섞은 후 나머지를 모두 더해 섞습니다. 최대한
살살 섞어서 글루텐 형성이 과하게 되지 않도록 합니다. (p26 참고)

6. 잘 혼합된 반죽에 마지막으로 바닐라 꼬냑*을 넣어 섞어서 마무리합니다.

7. 완성된 반죽은 고운 체에 내려서 마무리합니다. (체에 걸러진 바닐라빈 껍질
은 다시 반죽 안에 넣어 놓으면 바닐라 향이 좀 더 우러납니다.)

8. 용기에 담아 냉장고에 하루 보관 후 사용합니다. (p29 참고) 3일 정도 냉장
보관하며 사용 가능합니다.

9. 하루 숙성된 반죽은 미리 밀납을 입혀둔 까눌레 전용 몰드에 ⅔ 채워서
210도로 예열된 오븐에 넣어 굽습니다. 210도에서 18분 굽고 온도를 180
으로 바꾼 후 40분 더 굽습니다.

　(오븐 내부의 온도를 빨리 180도로 떨어뜨리기 위해 오븐 온도를 180으로 내린 후
　약 2~3분간 오븐 문을 반쯤 열어 놓고 온도가 180도가 되면 오븐 문을 닫습니다.)

10. 반죽이 모두 구워지면 바로 틀을 뒤집어 반죽을 빼줍니다. 식혀서 완성
합니다.

* **바닐라 꼬냑** 바닐라 까눌레에는 많이 사용하는 럼도 좋지만 클래식 까눌레와는 또
다른 바닐라만의 풍미를 주기 위해 바닐라 향의 꼬냑을 사용 (p134 참고)

쇼콜라 까눌레
Chocolat Cannelé

분량 지름 5.5㎝ 높이 5.5㎝의 까눌레 틀 약 10개 분량
온도 210도 18분, 180도 40분

진한 다크초콜릿을 넣어 만든 쇼콜라 까눌레는 마치 브라우니처럼
진한 초콜릿의 맛과 가나슈처럼 사르르 녹는 크림 같은 초콜릿의 텍
스처를 느낄 수 있는 제품입니다. 커버처 초콜릿을 녹여 반죽에 넣어
진짜 초콜릿의 맛을 진하게 담았습니다. 초콜릿이 들어가는 까눌레
반죽은 초콜릿을 잘 녹여 반죽에 잘 섞이도록 하는 것이 중요합니다.
이 점에 주의하면서 쇼콜라 까눌레를 완성해 봅니다.

INGREDIENT

우유 500g
버터 28g

-

설탕 180g

-

박력분 45g
강력분 33g
코코아파우더 6g

-

전란 21g
노른자 38g

-

다크초콜릿 77g
꼬냑 4g

[준비]

01. 우유와 버터는 냄비에 함께 계량합니다.

02. 다크초콜릿은 녹여서 준비합니다.

03. 가루류(박력분, 강력분, 코코아파우더)는 함께 계량하여 큰 볼에 체쳐서 둡니다.

04. 전란과 노른자는 함께 큰 볼에 계량합니다.

05. 까눌레 몰드에 밀납을 입혀 준비합니다. (p22 참고)

4-1

4-2

[만들기]

1. 설탕의 ⅔는 체쳐둔 가루류에 넣고 잘 섞어둡니다.

2. 설탕의 ⅓은 전란과 노른자가 함께 계량된 볼에 넣고 휘퍼를 이용하여 잘 섞어줍니다. 달걀이 약간 뽀얗게 될 정도까지 고르게 잘 섞고, 이때 과하 게 공기 포집을 하지는 않습니다.

3. 우유와 버터는 불에 올려 데웁니다. 버터가 잘 녹도록 저어주며 냄비 가장 자리 부분이 살짝 끓기 시작할 때 불에서 내립니다. 온도계가 있다면 80 도 정도까지 온도를 올려 사용합니다.

4. 3이 데워지면 녹인 초콜릿에 조금 담아서 먼저 잘 섞고 다시 우유가 담긴 냄비 쪽으로 모두 합쳐서 블렌더로 완벽하게 혼합합니다.

5. 4를 2에 조금씩 부으며 잘 섞어줍니다. 조금씩 조금씩 잘 섞어 혼합하도 록 합니다. 덩어리지지 않도록 주의합니다.

6-1

6-2

6. 5를 1에 조금씩 더하며 휘퍼로 잘 섞어줍니다. 처음 ½ 정도를 먼저 붓고 가루가 덩어리지지 않도록
섞은 후 나머지를 모두 더해 섞습니다. 최대한 살살 섞어서 글루텐 형성이 과하게 되지 않도록 합니다.
(p26 참고)

7. 잘 혼합된 반죽에 마지막으로 꼬냑*을 넣어 섞어서 마무리합니다.

8. 완성된 반죽은 고운 체에 내려서 마무리합니다.

* **꼬냑** 포도주를 원료로 한 브랜디. 이 책에서는 바닐라 꼬냑을 사용 (p134 참고)

9

9. 용기에 담아 냉장고에 하루 보관 후 사용합니다. (p29 참고) 3일 정도 냉장 보관하며 사용 가능합니다.

10. 하루 숙성된 반죽은 미리 밀납을 입혀둔 까눌레 전용 몰드에 ⅔ 채워서 210도로 예열된 오븐에 넣어 굽습니다. 210도에서 18분 굽고 온도를 180으로 바꾼 후 40분 더 굽습니다.
   (오븐 내부의 온도를 빨리 180도로 떨어뜨리기 위해 오븐 온도를 180으로 내린 후 약 2~3분간 오븐 문을 반쯤 열어 놓고 온도가 180도가 되면 오븐 문을 닫습니다.)

11. 반죽이 모두 구워지면 바로 틀을 뒤집어 반죽을 빼줍니다. 식혀서 완성합니다.

소금 캐러멜 까눌레
Salt Caramel Cannelé

분량 지름 5.5cm 높이 5.5cm의 까눌레 틀 약 10개 분량
온도 210도 18분, 180도 40분

설탕을 태워서 만드는 캐러멜의 풍미는 기본적으로 표면이 캐러멜라이즈된 상태로 완성되는 까눌레와 너무나도 잘 어울리는 맛과 향을 가지고 있습니다. 달콤 쌉싸름한 캐러멜소스에는 소금을 더해 달콤한 맛의 제품에 짭조름한 포인트를 더했습니다. 기본 까눌레와는 또 다른 매력의 달콤함. 진한 캐러멜의 까눌레를 만들어 보세요.

INGREDIENT

우유 500g
버터 23g
-
설탕 210g
소금 8g
-
박력분 70g
강력분 60g
-
전란 20g
노른자 35g
-
캐러멜소스 50g

[준비]

01. 우유와 버터는 냄비에 함께 계량합니다.

02. 캐러멜소스는 만들어 둡니다. (p52 참고)

03. 가루류(박력분, 강력분)는 함께 계량하여 큰 볼에 체쳐서 둡니다.

04. 전란과 노른자는 함께 큰 볼에 계량합니다.

05. 장식용 캐러멜 아몬드를 준비합니다. (p53 참고)

06. 설탕과 소금은 함께 계량하여 준비합니다.

07. 까눌레 몰드에 밀납을 입혀 준비합니다. (p22 참고)

48

[만들기]

1. 설탕+소금의 ⅔는 체쳐둔 가루류에 넣고 잘 섞어둡니다.

2. 설탕+소금의 ⅓은 전란과 노른자가 함께 계량된 볼에 넣고 휘퍼를 이용하여 잘
   섞어줍니다. 달걀이 약간 뽀얗게 될 정도까지 고르게 잘 섞고. 이때 과하게 공기
   포집을 하지는 않습니다.

3. 우유와 버터는 불에 올려 데웁니다. 버터가 잘 녹도록 저어주며 냄비 가장자리   49
   부분이 살짝 끓기 시작할 때 불에서 내립니다. 온도계가 있다면 80도 정도까지
   온도를 올려 사용합니다.

4. 3이 데워지면 미리 만들어둔 캐러멜소스에 조금 담아서 먼저 잘 섞고 다시 우유
   가 담긴 냄비 쪽으로 모두 합쳐서 블렌더로 완벽하게 혼합합니다.

4-1

4-2

5. 4를 2에 조금씩 부으며 잘 섞어줍니다. 조금씩 조금씩 잘 섞어 혼합하도
록 합니다. 덩어리지지 않도록 주의합니다.

6. 5를 1에 조금씩 더하며 휘퍼로 잘 섞어줍니다. 처음 ½ 정도를 먼저 붓고
가루가 덩어리지지 않도록 섞은 후 나머지를 모두 더해 섞습니다. 최대한
살살 섞어서 글루텐 형성이 과하게 되지 않도록 합니다. (p26 참고)

7. 완성된 반죽은 고운 체에 내려서 마무리합니다.

8. 용기에 담아 냉장고에 하루 보관 후 사용합니다. (p29 참고) 3일 정도 냉장
보관하며 사용 가능합니다.

9. 하루 숙성된 반죽은 미리 밀납을 입혀둔 까눌레 전용 몰드에 ⅔ 채워서
210도고 예열딘 오븐에 넣어 굽습니다. 210도에서 10분 굽고 온도를 180
으로 바꾼 후 40분 더 굽습니다.

　(오븐 내부의 온도를 빨리 180도로 떨어뜨리기 위해 오븐 온도를 180으로 내린 후
　약 2~3분간 오븐 문을 반쯤 열어 놓고 온도가 180도가 되면 오븐 문을 닫습니다.)

10. 반죽이 모두 구워지면 바로 틀을 뒤집어 반죽을 빼줍니다. 식혀서 완성
　합니다.

11. 완성된 까눌레를 세우고 가운데 홈 부분에 캐러멜소스를 조금씩 짜줍니
다. 장식용 캐러멜 아몬드와 굵은 소금을 조금씩 올려서 마무리합니다.

캐러멜소스

완성 분량 약 160g 중 50g 사용

설탕 100g
생크림 100g
소금 3g

[만들기]

1. 냄비에 설탕을 골고루 갈색이 날 때까지 태웁니다. 이때 설탕을 젓지 않는 것이 좋고 냄비를 잘 기울여 균일하게 색이 나도록 하는 것이 좋아요.

2. 1에 뜨겁게 데운 생크림을 조금씩 부어서 잘 섞어줍니다. 소금을 넣고 다시 가열하여 104도까지 가열합니다.

3. 완성된 소스는 식혀서 필요한 분량만큼 계량합니다. 남는 캐러멜소스는 냉장 보관하고 2〜3일 안에 사용할 수 있어요.

＊ 설탕이 색깔이 난 후 바로 뜨거운 생크림을 더해 섞어야 하기 때문에 생크림은 미리 데워 두는 것이 좋아요. 생크림을 과하게 끓이게 되면 수분이 지나치게 손실될 수 있기 때문에 끓기 직전의 뜨거운 상태가 좋습니다.

장식용 캐러멜 아몬드

완성 분량 약 100g

물 11g
설탕 34g
칼아몬드 70g
버터 4g

[만들기]

1. 냄비에 물과 설탕을 118도까지 끓입니다.

2. 1을 불에서 내린 후 칼아몬드를 넣고 시럽이 잘 입혀지도록 저어줍니다.

   (반 정도는 이 상태로 완성하여 표면이 하얀 상태로도 활용 가능합니다. 반은 덜어 그대로 사용하고, 나머지 반은
계속 진행합니다.)

3. 다시 불에 올려 갈색이 날 때까지 아몬드를 볶듯이 저어주며 가열합니다.

4. 고르게 갈색이 나면 불에서 내리고 버터를 넣어 잘 섞어줍니다.

5. 철판에 서로 붙지 않도록 떼어내어 식혀서 준비합니다.

말차 까눌레
Matcha Cannelé

분량 지름 5.5㎝ 높이 5.5㎝의 까눌레 틀 약 10개 분량
온도 210도 18분, 180도 40분

말차가 진하게 들어있는 말차 까눌레는 말차의 동양적인 맛과 까눌레 특유의 풍미가 독특하면서도 향기롭게 조화를 이루는 제품입니다. 말차는 다른 제과제품에서도 그렇지만 소량의 차이로도 예민하게 작용하는 재료이기 때문에 맛과 향이 조화로우면서도 식감이 좋은 제품을 만드는 것이 어렵습니다. 이 책에서는 전통적인 까눌레의 좋은 식감과 모양을 유지하면서도 말차의 맛이 진하게 느껴지는 레시피를 위해 많은 테스트를 거쳤습니다. 제대로 된 맛있는 말차 까눌레를 꼭 만들어 보았으면 좋겠습니다.

INGREDIENT

우유 500g
버터 26g
-
설탕 255g
-
박력분 62g
강력분 45g
말차파우더 13g
-
전란 19g
노른자 29g
-
키리쉬 13g
화이트초콜릿 10g

[준비]

01. 우유와 버터는 냄비에 함께 계량합니다.

02. 화이트초콜릿은 녹여둡니다.

03. 가루류(박력분, 강력분, 말차파우더)는 함께 계량하여 큰 볼에 체쳐서 둡니다.

04. 전란과 노른자는 함께 큰 볼에 계량합니다.

05. 까눌레 몰드에 밀납을 입혀 준비합니다. (p22 참고)

56

[만들기]

1. 설탕의 ⅔는 체쳐둔 가루류에 넣고 잘 섞어둡니다.

2. 설탕의 ⅓은 전란과 노른자가 함께 계량된 볼에 넣고 휘퍼를 이용하여 잘 섞어줍니다. 달걀이 약간 뽀얗게 될 정도까지 고르게 잘 섞어주며 이때 과하게 공기 포집을 하지는 않습니다.

3. 우유와 버터는 불에 올려 데웁니다. 버터가 잘 녹도록 저어주며 냄비 가장자리 부분이 살짝 끓기 시작할 때 불에서 내립니다. 온도계가 있다면 80도 정도까지 온도를 올려 사용합니다.

4. 3이 데워지면 녹인 화이트초콜릿에 조금 담아서 먼저 잘 섞고 다시 우유가 담긴 냄비 쪽으로 모두 합쳐서 블렌더로 완벽하게 혼합합니다.

5. 4를 2에 조금씩 부으며 잘 섞어줍니다. 조금씩 조금씩 잘 섞어 혼합하도록 합니다. 덩어리지지 않도록 주의합니다.

6. 5를 1에 조금씩 더하며 휘퍼로 잘 섞어줍니다. 처음 ½ 정도를 먼저 붓고 가루가 덩어리지지 않도록 섞은 후 나머지를 모두 더해 섞습니다. 최대한 살살 섞어서 글루텐 형성이 과하게 되지 않도록 합니다. (p26 참고)

6-1

6-2

7. 잘 혼합된 반죽에 마지막으로 키리쉬*를 넣어 섞어서 마무리합니다.

8. 완성된 반죽은 고운 체에 내려서 마무리합니다.

9. 용기에 담아 냉장에 하루 보관 후 사용합니다. (p29 참고) 3일 정도 냉장 보관하
   며 사용 가능합니다.

10. 하루 숙성된 반죽은 미리 밀납을 입혀둔 까눌레 전용 몰드에 ⅔ 채워서 210
    도로 예열된 오븐에 넣어 굽습니다. 210도에서 18분 굽고 온도를 180으로
    바꾼 후 40분 더 굽습니다.

    (오븐 내부의 온도를 빨리 180도로 떨어뜨리기 위해 오븐 온도를 180으로 내린 후 약
    2~3분간 오븐 문을 반쯤 열어 놓고 온도가 180도가 되면 오븐 문을 닫습니다.)

11. 반죽이 모두 구워지면 바로 틀을 뒤집어 반죽을 빼줍니다.

12. 식힌 후 까눌레 표면에 말차파우더를 뿌려서 장식하여 마무리합니다.

＊키리쉬 체리 증류주 (p134 재료 참고)

얼그레이 까눌레
Earl Grey Cannelé

분량 지름 5.5㎝ 높이 5.5㎝의 까눌레 틀 약 10개 분량
온도 210도 18분, 180도 40분

까눌레에 깊고 은은한 향을 입히고 싶다면 홍차를 이용하는 방법을 추천합니다. 다양한 차를 사용하여 독특한 풍미의 까눌레를 만들어 볼 수 있어요. 우리는 얼그레이 티를 진하게 우려낸 우유를 이용하여 까눌레를 만들었습니다. 바삭한 표면과 안쪽 부드러운 까눌레 속에 은은하게 얼그레이 향이 남아 고급스러운 느낌의 까눌레로 완성됩니다. 우아한 티타임에 어울릴 것 같은 얼그레이 까눌레를 소개합니다.

INGREDIENT

우유 500g
버터 25g
-
설탕 240g
-
박력분 70g
강력분 50g
-
전란 20g
노른자 30g
-
얼그레이 15g
-
장식용 초콜릿 적당량
(발로나 오렐리스)

[준비]

01. 얼그레이는 우유와 함께 냄비에 함께 계량합니다.

02. 가루류(박력분. 강력분)는 함께 계량하여 큰 볼에 체쳐서 둡니다.

03. 전란과 노른자는 함께 큰 볼에 계량합니다.

04. 까눌레 몰드에 밀납을 입혀 준비합니다. (p22 참고)

[만들기]

1. 얼그레이가 담긴 우유 냄비를 냄비 가장자리가 끓어 오를 때까지 한 번 데운 후 뚜껑을 덮어 5분 우려둡니다.

2. 설탕의 ⅔는 체쳐둔 가루류에 넣고 잘 섞어둡니다.

3. 설탕의 ⅓은 전란과 노른자가 함께 계량된 볼에 넣고 휘퍼를 이용하여 잘 섞어줍니다. 달걀이 약간 뽀얗게 될 정도까지 고르게 잘 섞고, 이때 과하게 공기 포집을 하지는 않습니다.

4. 얼그레이 티가 충분이 우러난 우유는 체에 내려 찻잎을 제거한 후. 다시 중량을 재어봅니다. 우유의 중량이 줄어든 만큼 분량 외의 우유를 보충하여 다시 500g으로 맞추어 줍니다. 여기에 버터를 더해서 버터가 녹을 때까지 저어주며 끓기 직전까지 가열합니다. 온도계가 있다면 80도 정도까지 온도를 올려 사용합니다.

5. 4가 데워지면 3에 조금씩 부으며 잘 섞어줍니다. 조금씩 조금씩 잘 섞어 혼합하도록 합니다. 덩어리지지 않도록 주의합니다.

6. 5를 2에 조금씩 더하며 휘퍼로 잘 섞어줍니다. 처음 ½ 정도를 먼저 붓고 가루가 덩어리지지 않도록 섞은 후 나머지를 모두 더해 섞습니다. 최대한 살살 섞어서 글루텐 형성이 과하게 되지 않도록 합니다. (p26 참고)

7. 완성된 반죽은 고운 체에 내려서 마무리합니다.

8. 용기에 담아 냉장고에 하루 보관 후 사용합니다. (p29 참고) 3일 정도 냉장 보관하며 사용 가능합니다.

11-1

9. 하루 숙성된 반죽은 미리 밀납을 입혀둔 까눌레 전용 몰드에 ⅔ 채워서
210도로 예열된 오븐에 넣어 굽습니다. 210도에서 18분 굽고 온도를 180
으로 바꾼 후 40분 더 굽습니다.

(오븐 내부의 온도를 빨리 180도로 떨어뜨리기 위해 오븐 온도를 180으로 내린 후
약 2~3분간 오븐 문을 반쯤 열어 놓고 온도가 180도가 되면 오븐 문을 닫습니다.)

10. 반죽이 모두 구워지면 바로 틀을 뒤집어 반죽을 빼줍니다. 식혀서 완성
합니다.

11. 식은 까눌레를 템퍼링*한 오렐리스 초콜릿에 담구어 까눌레 아래 부분
에 입혀줍니다. 건조 찻잎 등으로 장식하여 마무리합니다.

(템퍼링이 번거롭게 느껴질 경우 코팅용 화이트초콜릿을 대체하여 활용합니다. 코
팅용 초콜릿은 녹여서 바로 사용 가능합니다.)

* 템퍼링 커버처 초콜릿을 사용하기 위해서 초콜릿의 온도를 조절하여 좋은 결정을 얻
어내는 과정

(여기에 사용한 오렐리스 초콜릿은 45~48도로 녹여 26~27도까지 온도를 낮춘 후,
다시 온도를 28~29도까지 높여서 사용합니다.)

흑임자 까눌레
Black sesame Cannelé

분량 **지름 5.5㎝ 높이 5.5㎝의 까눌레 틀 약 10개 분량**
온도 **210도 18분, 180도 40분**

고소한 흑임자로 만들어낸 까눌레. 까눌레는 프랑스 보르도 지방의 전통 과자입니다. 하지만 특유의 식감과 맛 때문에 우리나라에서는 '프랑스식 풀빵'이라고 표현하기도 해요. 마치 풀빵처럼 겉은 바삭하고 속은 촉촉하면서 적당한 쫀득함을 가지고 있거든요. 이렇게 생각하면 멀게만 느껴지던 까눌레가 친숙하게 느껴지기도 합니다. 풀빵 같은 달콤 쫀득한 까눌레에 흑임자를 넣어서 우리 입맛에 잘 맞는 새로운 제품을 만들어 보았습니다. 흑임자가 들어간 고소한 맛의 까눌레. 어떤 맛일지 궁금하죠? 상상 이상으로 잘 어울려서 놀라게 될 거예요.

INGREDIENT

우유 500g
버터 30g
-
설탕 180g
-
박력분 55g
강력분 50g
흑임자파우더 20g
참깨 5g
-
전란 18g
노른자 40g
-
흑임자 페이스트 20g

[준비]

01. 우유와 버터는 냄비에 함께 계량합니다.

02. 흑임자파우더는 흑임자를 갈아서 파우더 상태로 준비합니다.

03. 가루류(박력분. 강력분. 흑임자파우더)는 함께 계량하여 체친 후 큰 볼에 참깨와 함께 계량합니다.

04. 전란과 노른자는 함께 큰 볼에 계량합니다.

05. 까눌레 몰드에 밀납을 입혀 준비합니다. (p22 참고)

[만들기]

1. 설탕의 ⅔는 체쳐둔 가루류에 넣고 잘 섞어둡니다.
2. 설탕의 ⅓은 전란과 노른자가 함께 계량된 볼에 넣고 휘퍼를 이용하여 잘 섞어줍니다. 달걀이 약간 뽀얗게 될 정도까지 고르게 잘 섞고. 이때 과하게 공기 포집을 하지는 않습니다.
3. 우유와 버터는 불에 올려 데웁니다. 버터가 잘 녹도록 저어주며 냄비 가장자리 부분이 살짝 끓기 시작할 때 불에서 내립니다. 온도계가 있다면 80도 정도까지 온도를 올려 사용합니다.
4. 3이 데워지면 2에 조금씩 부으며 잘 섞어줍니다. 조금씩 조금씩 잘 섞어 혼합하도록 합니다. 덩어리지지 않도록 주의합니다.
5. 4에 흑임자 페이스트를 넣습니다.

5-1

5-2

6. 5를 1에 조금씩 더하며 휘퍼로 잘 섞어줍니다. 처음 ½ 정도를 먼저 붓고 가루가 덩어리지지 않도록 섞은 후 나머지를 모두 더해 섞습니다. 최대한 살살 섞어서 글루텐 형성이 과하게 되지 않도록 합니다. (p26 참고)

7. 완성된 반죽은 고운 체에 내려서 마무리합니다. (이때 흑임자파우더와 참깨가 체에 내려가지 않는다면 주걱으로 다시 반죽 속으로 넣어줍니다.)

8. 용기에 담아 냉장고에 하루 보관 후 사용합니다. (p29 참고) 3일 정도 냉장 보관하며 사용 가능합니다.

9. 하루 숙성된 반죽은 미리 밀납을 입혀둔 까눌레 전용 몰드에 ⅔ 채워서 210도로 예열된 오븐에 넣어 굽습니다. 210도에서 18분 굽고 온도를 180으로 바꾼 후 40분 더 굽습니다.

(오븐 내부의 온도를 빨리 180도로 떨어뜨리기 위해 오븐 온도를 180으로 내린 후 약 2~3분간 오븐 문을 반쯤 열어 놓고 온도가 180도기 되면 오븐 문을 닫습니다.)

10. 반죽이 모두 구워지면 바로 틀을 뒤집어 반죽을 빼줍니다.

7-1

7-2

8

바나나 까눌레

Banana Cannelé

분량 지름 5.5㎝ 높이 5.5㎝의 까눌레 틀 약 10개 분량
온도 210도 18분, 180도 40분

까눌레는 특유의 진하게 캐러멜화된 크러스트의 식감과 진한 향 때문에 가볍고 상큼한 과일류와의 어울림을 잡기가 쉬운 편은 아니에요. 만약 과일의 향기로운 까눌레를 만들고 싶다면 바나나 까눌레를 추천합니다. 바나나는 캐러멜 향과도 참 잘 어울리는 과일 중 하나입니다. 바나나를 넣은 커드를 까눌레 안쪽에 가득 넣으면 까눌레를 잘랐을 때 마치 바나나 푸딩을 맛보는 것같은 재미있는 식감과 풍부한 바나나의 향을 더할 수 있습니다.

INGREDIENT

우유 500g
버터 30g
바나나 퓨레 40g
-
설탕 240g
-
박력분 73g
강력분 50g
-
전란 22g
노른자 43g
-
바나나 리큐르 33g
바나나칩 40g

[준비]

01. 우유와 버터, 바나나 퓨레는 냄비에 함께 계량합니다.

02. 가루류(박력분, 강력분)는 함께 계량하여 큰 볼에 체쳐서 둡니다.

03. 전란과 노른자는 함께 큰 볼에 계량합니다.

04. 까눌레 몰드에 밀납을 입혀 준비합니다. (p22 참고)

[만들기]

1. 설탕의 ⅔는 체쳐둔 가루류에 넣고 잘 섞어둡니다.

2. 설탕의 ⅓은 전란과 노른자가 함께 계량된 볼에 넣고 휘퍼를 이용하여 잘 섞어줍니다. 달걀이 약간 뽀얗게 될 정도까지 고르게 잘 섞고, 이때 과하게 공기 포집을 하지는 않습니다.

3. 바나나 퓨레가 담긴 우유와 버터는 불에 올려 데웁니다. 버터가 잘 녹도록 저어주며 냄비 가장자리 부분이 살짝 끓기 시작할 때 불에서 내립니다. 온도계가 있다면 80도 정도까지 온도를 올려 사용합니다.

4. 3이 데워지면 2에 조금씩 부으며 잘 섞어줍니다. 조금씩 조금씩 잘 섞어 혼합하도록 합니다. 덩어리지지 않도록 주의합니다.

5. 4를 1에 조금씩 더하며 휘퍼로 잘 섞어줍니다. 처음 ½ 정도를 먼저 붓고 가루가 덩어리지지 않도록 섞은 후 나머지를 모두 더해 섞습니다. 최대한 살살 섞어서 글루텐 형성이 과하게 되지 않도록 합니다. (p26 참고)

6. 잘 혼합된 반죽에 마지막으로 바나나 리큐르*를 넣어 섞어서 마무리합니다.

7. 완성된 반죽은 고운 체에 내려서 마무리합니다.

＊ **바나나 리큐르** 바나나 풍미를 더하기 위해 사용 (p134 참고)

8

9-1

9-2

8. 완성된 반죽에 바나나칩을 섞고 용기에 담아 냉장고에 하루 보관 후 사용합니다. (p29 참고) 3일 정도 냉장 보관하며 사용 가능합니다.

9. 하루 숙성된 반죽은 사용하기 전에 잘 저어서 균일하게 해주고, 미리 밀납을 입혀둔 까눌레 전용 몰드에 ⅔ 채워서 210도로 예열된 오븐에 넣어 굽습니다. 210도에서 18분 굽고 온도를 180으로 바꾼 후 40분 더 굽습니다.

(오븐 내부의 온도를 빨리 180도로 떨어뜨리기 위해 오븐 온도를 180으로 내린 후 약 2~3분간 오븐 문을 반쯤 열어 놓고 온도가 180도가 되면 오븐 문을 닫습니다.)

10. 반죽이 모두 구워지면 바로 틀을 뒤집어 반죽을 빼줍니다. 식혀서 완성합니다.

11. 식은 까눌레에 크림을 짜 넣기 위한 구멍을 작은 원형 깍지를 이용하여 뚫어줍니다.

12. 바나나크림을 반죽 안쪽에 6g씩 짜 넣고, 까눌레 윗면의 오목한 부분에
도 조금 짜줍니다. 윗면에 바나나칩을 얹어 마무리합니다.

바나나크림

까눌레 약 10개 분량

바나나 퓨레 56g
우유 8g
노른자 18g
설탕 12g
박력분 5g
버터 3g
바나나 리큐르 5g

[준비]

1. 바나나 퓨레와 우유는 함께 냄비에 계량합니다.

2. 박력분은 체쳐서 둡니다.

[만들기]

1. 노른자 볼에 설탕을 넣고 휘퍼로 뽀얗게 저어줍니다.

2. 1에 박력분을 넣고 섞습니다.

3. 바나나 퓨레와 우유를 끓기 전까지 데워서 2에 조금씩 더하며 섞어줍니다.

4. 3을 다시 냄비에 옮겨 휘퍼로 저어주며 점도가 생길 때까지 가열합니다.

5. 버터를 넣어 잘 섞고 체에 내립니다.

6. 바나나 리큐르를 넣어 섞고 크림을 완성합니다.

에멘탈 까눌레
Emmental Cannelé

분량 지름 5.5㎝ 높이 5.5㎝의 까눌레 틀 약 16개 분량
온도 210도 18분, 180도 40분

에멘탈 치즈의 짭조름하고 고소한 맛을 까눌레에 담았습니다. 반죽 안에 섞어서 넣어준 에멘탈 치즈는 까눌레가 구워지면서 윗면으로 떠오르게 되어 표면이 고소하게 구워지게 됩니다. 잘 구워진 고소한 치즈의 맛은 은은하게 느껴지는 샴페인의 향과 잘 어울립니다. 짭조름하고 향긋한 그리고 고소한 치즈 까눌레의 매력을 느껴보세요.

INGREDIENT

우유 500g
버터 25g
-
설탕 240g
소금 8g
-
박력분 70g
강력분 50g
-
전란 25g
노른자 45g
-
샴페인 20g
에멘탈치즈(갈아서 준비) 15g
-
에멘탈 치즈(조각내어 준비) 20g×16개 총 320g

에멘탈 치즈

[준비]

01. 우유와 버터는 냄비에 함께 계량합니다.

02. 설탕과 소금은 함께 계량합니다.

03. 에멘탈 치즈(15g)는 곱게 갈라서 우유+버터 냄비에 함께 담아둡니다.

04. 가루류(박력분. 강력분)는 함께 계량하여 큰 볼에 체쳐서 둡니다.

05. 전란과 노른자는 함께 큰 볼에 계량합니다.

06. 에멘탈 치즈(320g)는 작은 조각으로 잘라서 준비합니다.

07. 까눌레 몰드에 밀납을 입혀 준비합니다. (p22 참고)

[만들기]

1. 설탕+소금의 ⅔는 체쳐둔 가루류에 넣고 잘 섞어둡니다.

2. 설탕+소금의 ⅓은 전란과 노른자가 함께 계량된 볼에 넣고 휘퍼를 이용하여 잘 섞어줍니다. 달걀이 약간 뽀얗게 될 정도까지 고르게 잘 섞고, 이 때 과하게 공기 포집을 하지는 않습니다.

3. 에멘탈 치즈가 들어있는 우유와 버터는 불에 올려 데웁니다. 에멘탈 치즈와 버터가 잘 녹도록 저어주며 냄비 가장자리 부분이 살짝 끓기 시작할 때 불에서 내립니다. 온도계가 있다면 80도 정도까지 온도를 올려 사용합니다.

4. 3이 데워지면 2에 조금씩 부으며 잘 섞어줍니다. 조금씩 조금씩 잘 섞어 혼합하도록 합니다. 덩어리지지 않도록 주의합니다.

5. 4를 1에 조금씩 더하며 휘퍼로 잘 섞어줍니다. 처음 ½ 정도를 먼저 붓고 가루가 덩어리지지 않도록 섞은 후 나머지를 모두 더해 섞습니다. 최대한 살살 섞어서 글루텐 형성이 과하게 되지 않도록 합니다. (p26 참고)

6. 잘 혼합된 반죽에 마지막으로 샴페인을 넣어 섞어서 마무리합니다.

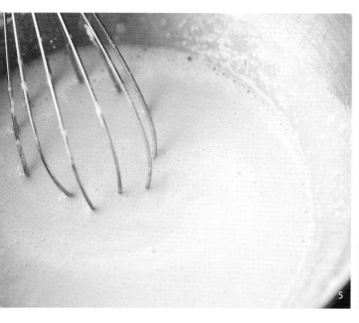

7

7. 완성된 반죽은 고운 체에 내려서 마무리합니다.

8. 용기에 담아 냉장고에 하루 보관 후 사용합니다. (p29 참고) 3일 정도 냉장 보관하며 사용 가능합니다.

9. 하루 숙성된 반죽은 미리 밀납을 입혀둔 까눌레 전용 몰드에 약 60g씩 채우고 에멘탈 치즈 조각을
20g씩 담아 210도로 예열된 오븐에 넣어 굽습니다. 210도에서 18분 굽고 온도를 180으로 바꾼 후
40분 더 굽습니다.

(오븐 내부의 온도를 빨리 180도로 떨어뜨리기 위해 오븐 온도를 180으로 내린 후 약 2~3분간 오븐 문을 반쯤 열
어 놓고 온도가 180도가 되면 오븐 문을 닫습니다.)

10. 반죽이 모두 구워지면 바로 틀을 뒤집어 반죽을 빼줍니다. 식혀서 완성합니다.

9-1

9-2

무화과 까눌레
Fig Cannelé

분량 지름 5.5㎝ 높이 5.5㎝의 까눌레 틀 약 10개 분량
온도 210도 18분, 180도 40분

반건조 무화과를 잘 활용하여 제품에 적용하면 독특하고 재미있는 제품을 만들 수 있습니다. 반건조 무화과는 생과에 비해 당도가 높고 특유의 향을 많이 포함하고 있기 때문에 무화과의 진한 맛을 내기에 좋아요. 또한 무화과 씨는 톡톡 터지는 재미있는 식감을 가지고 있어서 제품에 포인트가 되기도 합니다. 까눌레 반죽에 반건조 무화과를 사용해서 특별한 까눌레를 만들었습니다. 무화과 씨가 톡톡 터지는 매력있는 무화과 까눌레를 소개합니다.

INGREDIENT

우유 500g
버터 40g
-
설탕 200g
-
박력분 51g
강력분 49g
-
전란 16g
노른자 27g
-
반건조 무화과 60g

01. 우유와 버터는 냄비에 함께 계량합니다.

02. 반건조 무화과는 껍질을 제거하고 속 부분만 60g 준비합니다.

03. 가루류(박력분, 강력분)는 함께 계량하여 큰 볼에 체쳐서 둡니다.

04. 전란과 노른자는 함께 큰 볼에 계량합니다.

05. 까눌레 몰드에 밀납을 입혀 준비합니다. (p22 참고)

90

[만들기]

1. 설탕의 ⅔는 체쳐둔 가루류에 넣고 잘 섞어둡니다.

2. 설탕의 ⅓은 전란과 노른자가 함께 계량된 볼에 넣고 휘퍼를 이용하여 잘
   섞어줍니다. 달걀이 약간 뽀얗게 될 정도까지 고르게 잘 섞고, 이때 과하
   게 공기 포집을 하지는 않습니다.

3. 우유와 버터는 불에 올려 데웁니다. 버터가 잘 녹도록 저어주며 냄비 가장
   자리 부분이 살짝 끓기 시작할 때 불에서 내립니다. 온도계가 있다면 80
   도 정도까지 온도를 올려 사용합니다.

4. 3의 우유와 버터를 반건조 무화과에 일부 덜어서 잘 섞고 다시 우유와 버
   터 냄비 쪽으로 더해 잘 혼합합니다.

4-1

4-2

5

6

93

5. 4를 2에 조금씩 부으며 잘 섞어줍니다. 조금씩 조금씩 잘 섞어 혼합하도록 합니다. 덩어리지지 않도록 주의합니다.

6. 5를 1에 조금씩 더하며 휘퍼로 잘 섞어줍니다. 처음 ½ 정도를 먼저 붓고 가루가 덩어리지지 않도록 섞은 후 나머지를 모두 더해 섞습니다. 최대한 살살 섞어서 글루텐 형성이 과하게 되지 않도록 합니다. (p26 참고)

7. 완성된 반죽은 고운 체에 내려서 마무리합니다. (이때 무화과 과육이 체에 내려가지 않으면 주걱으로 다시 반죽 속으로 넣어줍니다.)

8. 용기에 담아 냉장고에 하루 보관 후 사용합니다. (p29 참고) 3일 정도 냉장 보관하며 사용 가능합니다.

9. 하루 숙성된 반죽은 미리 밀납을 입혀둔 까눌레 전용 몰드에 ⅔ 채워서 210도로 예열된 오븐에 넣어 굽습니다. 210도에서 18분 굽고 온도를 180으로 바꾼 후 40분 더 굽습니다.

(오븐 내부의 온도를 빨리 180도로 떨어뜨리기 위해 오븐 온도를 180으로 내린 후 약 2~3분간 오븐 문을 반쯤 열어 놓고 온도가 180도가 되면 오븐 문을 닫습니다.)

10. 반죽이 모두 구워지면 바로 틀을 뒤집어 반죽을 빼줍니다.

11. 식힌 후 까눌레 윗면 오목한 부분에 캐러멜소스(p52 참고)를 조금 짜고 무화과를 올려 장식합니다.

(생무화과가 없을 때에는 반건조 무화과로 장식해도 좋아요.)

옥수수 까눌레

Corn Cannelé

분량 지름 5.5㎝ 높이 5.5㎝의 까눌레 틀 약 10개 분량
온도 210도 18분, 180도 40분

조금 생소하게 느껴질 수 있는 조합이지만 옥수수를 우려내어 만든 옥수수 까눌레는 마치 군옥수수를 맛보는 것과 같은 구수한 향과 옥수수 향의 달콤한 맛을 그대로 가지고 있습니다. 까눌레를 처음 접해보는 분들도 구운 팝콘이나 옥수수를 맛보는 것과 같이 익숙한 느낌으로 까눌레를 쉽게 접할 수 있을 겁니다.

INGREDIENT

우유 400g
버터 25g
-
설탕 160g
소금 2g
-
박력분 60g
강력분 50g
-
전란 25g
노른자 45g
-
삶은 옥수수(갈아서 준비) 250g

01-1

01-2

[준비]

01. 삶은 옥수수는 곱게 갈아서 우유와 함께 냄비에 함께 계량합니다.

02. 설탕과 소금은 함께 계량하여 준비합니다.

03. 가루류(박력분. 강력분)는 함께 계량하여 큰 볼에 체쳐서 둡니다.

04. 전란과 노른자는 함께 큰 볼에 계량합니다.

05. 까눌레 몰드에 밀납을 입혀 준비합니다. (p22 참고)

[만들기]

1. 삶은 옥수수가 담긴 우유 냄비를 냄비 가장자리가 끓어 오를 때까지 데운 후 뚜껑을 덮어 5분 우려 둡니다.

2. 설탕의 ⅔는 체쳐둔 가루류에 넣고 잘 섞어둡니다.

3. 설탕의 ⅓은 전란과 노른자가 함께 계량된 볼에 넣고 휘퍼를 이용하여 잘 섞어줍니다. 달걀이 약간 뽀얗게 될 정도까지 고르게 잘 섞고, 이때 과하게 공기 포집을 하지는 않습니다.

몽블랑 까눌레
Montblanc Cannelé

분량 지름 5.5㎝ 높이 5.5㎝의 까눌레 틀 약 10개 분량
온도 210도 18분, 180도 40분

몽블랑은 밤으로 만든 크림과 럼의 풍미가 느껴지는 디저트입니다. 럼을 주로 사용하는 까눌레 제품에 밤을 더해 몽블랑 까눌레를 만들어 보았습니다. 밤 페이스트를 넣어 구운 까눌레는 마치 군밤과 같은 고소한 향이 나요. 여기에 럼 향이 더해져서 몽블랑의 맛을 까눌레에서 느낄 수 있었어요.

INGREDIENT

우유 500g
버터 23g
-
설탕 200g
-
박력분 70g
강력분 50g
-
전란 25g
노른자 45g
-
밤 페이스트 70g
럼 9g
-
장식용 밤 10개

[준비]

01. 밤 페이스트는 깊은 볼에 준비합니다.

02. 우유와 버터는 함께 냄비에 계량하여 준비합니다.

03. 가루류(박력분. 강력분)는 함께 계량하여 큰 볼에 체쳐서 둡니다.

04. 전란과 노른자는 함께 큰 볼에 계량합니다.

05. 까눌레 몰드에 밀납을 입혀 준비합니다. (p22 참고)

4-1

[만들기]

1. 설탕의 ⅔는 체쳐둔 가루류에 넣고 잘 섞어둡니다.

2. 설탕의 ⅓은 전란과 노른자가 함께 계량된 볼에 넣고 휘퍼를 이용하여 잘 섞어줍니다. 달걀이 약간 뽀얗게 될 정도까지 고르게 잘 섞고, 이때 과하 게 공기 포집을 하지는 않습니다.

3. 우유와 버터는 불에 올려 데웁니다. 버터가 잘 녹도록 저어주며 냄비 가장 자리 부분이 살짝 끓기 시작할 때 불에서 내립니다. 온도계가 있다면 80 도 정도까지 온도를 올려 사용합니다.

4. 3을 밤 페이스트가 준비된 볼에 함께 담아 블렌더로 갈아 균일하게 섞이 도록 합니다.

4-2

5. 4를 2에 조금씩 부으며 잘 섞어줍니다. 조금씩 조금씩 잘 섞어 혼합하도록 합니다. 덩어리지지 않도록 주의합니다.

6. 5를 1에 조금씩 더하며 휘퍼로 잘 섞어줍니다. 처음 ½ 정도를 먼저 붓고 가루가 덩어리지지 않도록 섞은 후 나머지를 모두 더해 섞습니다. 최대한 살살 섞어서 글루텐 형성이 과하게 되지 않도록 합니다. (p26 참고)

7. 잘 혼합된 반죽에 마지막으로 럼*을 넣어 섞어서 마무리합니다.

8. 완성된 반죽은 고운 체에 내려서 마무리합니다.

9. 용기에 담아 냉장고에 하루 보관 후 사용합니다. (p29 참고) 3일 정도 냉장 보관하며 사용 가능합니다.

10. 하루 숙성된 반죽은 미리 밀납을 입혀둔 까눌레 전용 몰드에 ⅔ 채워서 210도로 예열된 오븐에 넣어 굽습니다. 210도에서 18분 굽고 온도를 180으로 바꾼 후 40분 더 굽습니다.

    (오븐 내부의 온도를 빨리 180도로 떨어뜨리기 위해 오븐 온도를 180으로 내린 후 약 2~3분간 오븐 문을 반쯤 열어 놓고 온도가 180도가 되면 오븐 문을 닫습니다.)

11. 반죽이 모두 구워지면 바로 틀을 뒤집어 반죽을 빼줍니다. 식혀서 완성합니다.

12. 까눌레를 세워 놓고 가운데 오목한 부분에 몽블랑 깍지를 사용하여 밤크림을 조금 짠 후 그 위에 장식용 밤을 얹어 마무리합니다.

* 럼 당밀, 사탕수수즙 증류주 (p134 참고)

밤크림

완성 분량 약 120g

밤 페이스트 100g
버터 15g
우유 5g

[만들기]

1. 밤 페이스트와 실온 상태의 버터, 우유를 모두 함께 부드럽게 휘핑하여 사용합니다.

2. 몽블랑 깍지에 크림을 담아서 준비합니다.

12-1

12-2

커피&토피 까눌레

Coffee & Toffee Cannelé

분량 지름 5.5cm 높이 5.5cm의 까눌레 틀 약 10개 분량
온도 210도 18분, 180도 40분

설탕과 버터로 만든 달콤하고 고소한 토피와 쌉싸름한 커피는 참 잘 어울려요. 원두의 진하고 깊은 커피의 맛과 향을 까눌레 반죽에 입히고, 스카치캔디 같은 달콤한 토피를 얹어서 마무리 하였습니다. 평범하게 보일 수 있는 레시피지만 여기에 재미있는 식감과 독특한 구성요소를 추가하여 독특한 까눌레를 완성할 수 있습니다.

INGREDIENT

우유 500g
버터 25g
-
설탕 200g
-
박력분 70g
강력분 50g
-
전란 20g
노른자 30g
-
커피 원두 80g
커피 리큐르 20g

[준비]

01. 원두는 로스팅한 홀 빈으로 준비합니다.

02. 원두는 우유와 함께 냄비에 함께 계량합니다.

03. 가루류(박력분, 강력분)는 함께 계량하여 큰 볼에 체쳐서 둡니다.

04. 전란과 노른자는 함께 큰 볼에 계량합니다.

05. 까눌레 몰드에 밀납을 입혀 준비합니다. (p22 참고)

[만들기]

1. 커피 원두가 담긴 우유 냄비를 냄비 가장자리가 끓어 오를 때까지 한 번 데운 후 뚜껑을 덮어 하룻밤 냉장 휴지합니다. (하룻밤 휴지 후 2번 과정부터 다시 시작)

2. 설탕의 ⅔는 체쳐둔 가루류에 넣고 잘 섞어둡니다.

3. 설탕의 ⅓은 전란과 노른자가 함께 계량된 볼에 넣고 휘퍼를 이용하여 잘 섞어줍니다. 달걀이 약간 뽀얗게 될 정도까지 고르게 잘 섞고, 이때 과하게 공기 포집을 하지는 않습니다.

4. 커피 원두가 충분이 우러난 우유는 체에 내려 원두를 제거한 후, 다시 중량을 재어봅니다. 우유의 중량이 줄어든 만큼 분량 외의 우유를 보충하여 다시 500g으로 맞추어 줍니다. 여기에 버터를 더해서 버터가 녹을 때까지 저어주며 끓기 직전까지 가열합니다. 온도계가 있다면 80도 정도까지 온도를 올려 사용합니다.

5. 4가 데워지면 3에 조금씩 부으며 잘 섞어줍니다. 조금씩 조금씩 잘 섞어 혼합하도록 합니다. 덩어리지지 않도록 주의합니다.

6. 5를 2에 조금씩 더하며 휘퍼로 잘 섞어줍니다. 처음 ½ 정도를 먼저 붓고 가루가 덩어리지지 않도록 섞은 후 나머지를 모두 더해 섞습니다. 최대한 살살 섞어서 글루텐 형성이 과하게 되지 않도록 합니다. (p26 참고)

7. 잘 혼합된 반죽에 마지막으로 커피 리큐르*를 넣어서 섞어서 마무리합니다.

8. 완성된 반죽은 고운 체에 내려서 마무리합니다.

9. 용기에 담아 냉장고에 하루 보관 후 사용합니다. (p29 참고) 3일 정도 냉장 보관하며 사용 가능합니다.

10. 하루 숙성된 반죽은 미리 밀납을 입혀둔 까눌레 전용 몰드에 ⅔ 채워서 210도로 예열된 오븐에 넣어 굽습니다. 210도에서 18분 굽고 온도를 180으로 바꾼 후 40분 더 굽습니다.

    (오븐 내부의 온도를 빨리 180도로 떨어뜨리기 위해 오븐 온도를 180으로 내린 후 약 2~3분간 오븐 문을 반쯤 열어 놓고 온도가 180도가 되면 오븐 문을 닫습니다.)

11. 반죽이 모두 구워지면 바로 틀을 뒤집어 반죽을 빼줍니다. 식혀서 준비합니다.

* **커피 리큐르** 커피 풍미를 더하기 위해 사용 (p134 참고)

12. 미리 만들어둔 토피를 까눌레 위에 얹어서 오븐에(160도 2분) 넣습니다.
식혀서 완성합니다.
(완성된 토피를 까눌레에 자연스럽게 붙이기 위한 가열)

토피

완성 분량 약 170g 중 약 80g 사용

버터 240g
설탕 200g
물 60g
소금 2g

[준비]

1. 철판에 테프론시트를 깔고, 그 위에 지름 4.5㎝ 원형 무스링 안에 테프론 시트 또는 유산지를 잘라 넣어서 준비합니다.

[만들기]

1. 냄비에 버터를 담아 약한 불에 올려 버터를 녹입니다.
2. 버터가 녹으면 나머지 재료를 모두 넣고 약불에서 진한 갈색이 날 때까지 저어주며 가열합니다.
3. 진한 갈색이 나면 넓게 펼쳐 그대로 식혀서 굳힙니다.
4. 굳은 토피는 작게 조각내어 준비합니다.
5. 4를 작은 원형 무스링(지름 4.5㎝)에 8g씩 담아서 굽습니다.(160도 3분)
6. 틀에서 빼서 식힙니다.

쑥&팥 까눌레
Mugwort & Red bean Cannelé

분량 지름 5.5㎝ 높이 5.5㎝의 까눌레 틀 약 10개 분량
온도 210도 18분, 180도 40분

쑥을 넣은 까눌레라니 조금은 생소하게 느낄 수도 있지만 쑥의 향이 진하게 배어 있는 까눌레는 무척 향기롭고 친숙하게 느껴집니다. 까눌레 특유의 식감이 마치 쑥으로 만든 떡에서 느껴지는 쫀득함과 닮아 있거든요. 쑥과 잘 어울리는 단팥 앙금의 크림을 가득 넣어서 만든 까눌레는 까눌레를 처음 접해보는 분들도 친숙하게 느껴질 겁니다. 프랑스의 전통 디저트인 까눌레가 우리나라의 디저트로 놀랍게 변신한 모습이 궁금하다면 꼭 만들어 보기를 추천합니다.

INGREDIENT

우유 500g
버터 25g
-
설탕 180g
-
박력분 65g
강력분 50g
쑥 가루 10
-
전란 20g
노른자 30g

[준비]

01. 우유와 버터는 냄비에 함께 계량합니다.

02. 가루류(박력분. 강력분. 쑥가루)는 함께 계량하여 큰 볼에 체쳐서 둡니다.

03. 전란과 노른자는 함께 큰 볼에 계량합니다.

04. 까눌레 몰드에 밀납을 입혀 준비합니다. (p22 참고)

[만들기]

1. 설탕의 ⅔는 체쳐둔 가루류에 넣고 잘 섞어둡니다.

2. 설탕의 ⅓은 전란과 노른자가 함께 계량된 볼에 넣고 휘퍼를 이용하여 잘 섞어줍니다. 달걀이 약간 뽀얗게 될 정도까지 고르게 잘 섞고. 이때 과하게 공기 포집을 하지는 않습니다.

3. 우유와 버터는 불에 올려 데웁니다. 버터가 잘 녹도록 저어주며 냄비 가장자리 부분이 살짝 끓기 시작할 때 불에서 내립니다. 온도계가 있다면 80도 정도까지 온도를 올려 사용합니다.

4. 3이 데워지면 2에 조금씩 부으며 잘 섞어줍니다. 조금씩 조금씩 잘 섞어 혼합하도록 합니다. 덩어리지지 않도록 주의합니다.

5. 4를 1에 조금씩 더하며 휘퍼로 잘 섞어줍니다. 처음 ½ 정도를 먼저 붓고 가루가 덩어리지지 않도록 섞은 후 나머지를 모두 더해 섞습니다. 최대한 살살 섞어서 글루텐 형성이 과하게 되지 않도록 합니다. (p26 참고)

6. 완성된 반죽은 고운 체에 내려서 마무리합니다.

7. 용기에 담아 냉장고에 하루 보관 후 사용합니다. (p29 참고) 3일 정도 냉장 보관하며 사용 가능합니다.

8. 하루 숙성된 반죽은 미리 밀납을 입혀둔 까눌레 전용 몰드에 ⅔ 채워서 210도로 예열된 오븐에 넣어 굽습니다. 210도에서 18분 굽고 온도를 180으로 바꾼 후 40분 더 굽습니다.
(오븐 내부의 온도를 빨리 180도로 떨어뜨리기 위해 오븐 온도를 180으로 내린 후 약 2~3분간 오븐 문을 반쯤 열어 놓고 온도가 180도가 되면 오븐 문을 닫습니다.)

9. 반죽이 모두 구워지면 바로 틀을 뒤집어 반죽을 빼줍니다. 식혀서 완성합니다.

10. 식은 까눌레에 크림을 짜 넣기 위한 구멍을 작은 원형 깍지를 이용하여 뚫어줍니다.

11. 팥앙금 크림을 반죽 안쪽에 6g씩 짜 넣고, 까눌레 윗면의 오목한 부분에 도 조금 짜줍니다. 윗면에 삶은 팥알을 얹어 마무리합니다.

팥앙금 크림

완성 분량 약 120g 약 20개 분량

팥앙금 120g
버터 8g
우유 4g

[만들기]

1. 팥앙금을 부드럽게 풀고, 실온의 버터와 우유를 넣어 휘핑합니다.
2. 부드럽게 되면 완성. 크림 주입용 깍지에 담아둡니다.

애플타탕 까눌레
Apple Tatin Cannelé

분량 지름 5.5㎝, 높이 5.5㎝의 까눌레 틀 약 13개 분량
온도 210도 18분, 180도 40분

애플 타르트 타탕은 사과로 만드는 전통적인 타르트의 하나입니다. 사과가 진하게 캐러멜화된 진하고 쌉싸름한 캐러멜의 풍미가 느껴지는 것이 특징이에요. 까눌레가 된 애플 타르트 타탕은 어떤 느낌일까요? 사과와 캐러멜, 그리고 사과로 만든 리큐르인 칼바도스는 사과가 가진 향기로우면서도 묵직하고 깊은 맛을 느끼기에 잘 어울리는 재료들입니다. 칼바도스를 이용하여 만든 까눌레 베이스와 애플타탕으로 완성된 특별한 까눌레를 경험해 보세요.

INGREDIENT

우유 500g
버터 25g

-

설탕 240g

-

박력분 70g
강력분 50g

-

전란 25g
노른자 45g

-

칼바도스 25g

칼바도스

[준비]

01. 우유와 버터는 냄비에 함께 계량합니다.

02. 가루류(박력분. 강력분)는 함께 계량하여 큰 볼에 체쳐서 둡니다.

03. 전란과 노른자는 함께 큰 볼에 계량합니다.

04. 까눌레 몰드에 밀납을 입혀 준비합니다. (p22 참고)

4

[만들기]

1. 설탕의 ⅔는 체쳐둔 가루류에 넣고 잘 섞어둡니다.

2. 설탕의 ⅓은 전란과 노른자가 함께 계량된 볼에 넣고 휘퍼를 이용하여 잘 섞어줍니다. 달걀이 약간 뽀얗게 될 정도까지 고르게 잘 섞고, 이때 과하게 공기 포집을 하지는 않습니다.

3. 우유와 버터는 불에 올려 데웁니다. 버터가 잘 녹도록 저어주며 냄비 가장자리 부분이 살짝 끓기 시작할 때 불에서 내립니다. 온도계가 있다면 80도 정도까지 온도를 올려 사용합니다.

4. 3이 데워지면 2에 조금씩 부으며 잘 섞어줍니다. 조금씩 조금씩 잘 섞어 혼합하도록 합니다. 덩어리지지 않도록 주의합니다.

5. 4를 1에 조금씩 더하며 휘퍼로 잘 섞어줍니다. 처음 ½ 정도를 먼저 붓고 가루가 덩어리지지 않도록 섞은 후 나머지를 모두 더해 섞습니다. 최대한 살살 섞어서 글루텐 형성이 과하게 되지 않도록 합니다. (p26 참고)

6. 잘 혼합된 반죽에 마지막으로 칼바도스*를 넣어서 섞어서 마무리합니다.

* **칼바도스** 사과로 만든 시드르의 증류주. 사과 향의 브랜디 (p134 참고)

6

7. 완성된 반죽은 고운 체에 내려서 마무리합니다.

8. 용기에 담아 냉장고에 하루 보관 후 사용합니다. (p29 참고) 3일 정도 냉장 보관하며 사용 가능합니다.

9. 하루 숙성된 반죽은 미리 밀납을 입혀둔 까눌레 전용 몰드에 ⅔ 채워서 210도로 예열된 오븐에 넣어 굽습니다. 210도에서 18분 굽고 온도를 180으로 바꾼 후 40분 더 굽습니다.

   (오븐 내부의 온도를 빨리 180도로 떨어뜨리기 위해 오븐 온도를 180으로 내린 후 약 2~3분간 오븐 문을 반쯤 열어 놓고 온도가 180도가 되면 오븐 문을 닫습니다.)

10. 반죽이 모두 구워지면 바로 틀을 뒤집어 반죽을 빼줍니다.

11. 10이 아직 따뜻하게 온기가 있을 때 미리 만들어둔 애플타탕을 얹으면 식으면서 애플타탕이 까눌레에 자연스럽게 붙어서 완성됩니다.

애플타탕

약 13개 분량

사과 357g
물 340g
설탕 144g
펙틴 7g
설탕 34g

124

[준비]

01. 설탕 34g과 펙틴 7g은 잘 섞어서 준비합니다.

02. 물은 끓기 직전까지 따뜻하게 데웁니다.

03. 사과는 작은 조각으로 잘라서 준비합니다.

04. 철판에 테프론시트를 깔고, 그 위에 지름 4.5㎝ 원형 무스링 안에 테프론시트 또는 유산지를 잘라 넣어서 준비합니다.

[만들기]

1. 설탕 144g을 냄비에 갈색이 될 때까지 태웁니다.

2. 1이 갈색으로 타면 데워둔 물을 넣고 섞어 캐러멜시럽을 만듭니다.

3. 2에 잘라둔 사과를 넣고 물이 반쯤 줄어들 때까지 가열하여 졸인 후 그대로 냉장고에 하룻밤 둡니다.

4. 3을 체에 내려 사과만 걸러낸 후, 사과에 설탕과 펙틴을 넣고 잘 섞습니다.

5. 4를 작은 원형 무스링(지름 4.5㎝)에 담아서 굽습니다.(160도 20분)

6. 다 구워지면 상온에서 잠시 식힌 후 틀 채로 냉동실에 두어 살짝 얼면 틀에서 제거합니다. (깨끗하게 떼어내기 위힘)

메이플&피칸 까눌레
Maple & Pecan Cannelé

분량 지름 5.5㎝ 높이 5.5㎝의 까눌레 틀 약 10개 분량
온도 210도 18분, 180도 40분

향긋한 메이플의 까눌레. 메이플 시럽과 메이플 슈거를 이용해서 만든 이 까눌레는 메이플 향이 까눌레 특유의 캐러멜 향과 식감이 잘 어울리는 제품입니다. 메이플과 잘 어울리는 헤이즐넛으로 튀일을 만들어 올려 주면 독특한 모양도 더하고 바스락 부서지는 재미있는 식감까지 추가할 수 있어요.

INGREDIENT

우유 500g
버터 25g
-
설탕 190g
메이플슈거 50g
-
박력분 70g
강력분 50g
-
전란 25g
노른자 45g
-
메이플시럽 35g

02

[준비]

01. 우유와 버터는 냄비에 함께 계량합니다.

02. 설탕과 메이플슈거는 함께 계량하여 잘 섞어둡니다.

03. 가루류(박력분. 강력분)는 함께 계량하여 큰 볼에 체쳐서 둡니다.

04. 전란과 노른자는 함께 큰 볼에 계량합니다.

05. 까눌레 몰드에 밀납을 입혀 준비합니다. (p22 참고)

[만들기]

1. 설탕의 ⅔는 체쳐둔 가루류에 넣고 잘 섞어둡니다.
2. 설탕의 ⅓은 전란과 노른자가 힘께 계량된 볼에 넣고 휘피를 이용히여 잘 섞어줍니다. 달걀이 약간 뽀얗게 될 정도까지 고르게 잘 섞고, 이때 과하게 공기 포집을 하지는 않습니다.

3. 우유와 버터는 불에 올려 데웁니다. 버터가 잘 녹도록 저어주며 냄비 가장자리 부분이 살짝 끓기 시작할 때 불에서 내립니다. 온도계가 있다면 80도 정도까지 온도를 올려 사용합니다.

4. 3이 데워지면 2에 조금씩 부으며 잘 섞어줍니다. 조금씩 조금씩 잘 섞어 혼합하도록 합니다. 덩어리지지 않도록 주의합니다.

5. 4를 1에 조금씩 더하며 휘퍼로 잘 섞어줍니다. 처음 ⅓ 정도를 먼저 붓고 가루가 덩어리지지 않도록 섞은 후 나머지를 모두 더해 섞습니다. 최대한 살살 섞어서 글루텐 형성이 과하게 되지 않도록 합니다. (p26 참고)

6. 잘 혼합된 반죽에 마지막으로 메이플시럽을 넣어 섞어서 마무리합니다.

7. 완성된 반죽은 고운 체에 내려서 마무리합니다.

8. 용기에 담아 냉장고에 하루 보관 후 사용합니다. (p29 참고) 3일 정도 냉장 보관하며 사용 가능합니다.

9. 하루 숙성된 반죽은 미리 밀납을 입혀둔 까눌레 전용 몰드에 ⅔ 채워서 210도로 예열된 오븐에 넣어 굽습니다. 210도에서 18분 굽고 온도를 180으로 바꾼 후 40분 더 굽습니다.

(오븐 내부의 온도를 빨리 180도로 떨어뜨리기 위해 오븐 온도를 180으로 내린 후 약 2~3분간 오븐 문을 반쯤 열어 놓고 온도가 180도가 되면 오븐 문을 닫습니다.)

10. 반죽이 모두 구워지면 바로 틀을 뒤집어 반죽을 빼줍니다.

11. 완성된 까눌레를 세우고 가운데 홈 부분에 캐러멜소스(p52 참고)를 조금씩 짜줍니다. 그 위에 완성된 튀일을 잘라 올려서 마무리합니다.

메이플&피칸튀일

까눌레 약 20개 분량

버터 13g
우유 7g
메이플시럽 15g
분당 32g
펙틴 0.8g
다진 피칸 23g

[준비]

1. 버터는 냄비에 계량합니다.

2. 펙틴은 분당에 잘 섞어둡니다.

3. 피칸은 작은 조각으로 다져서 준비합니다.

[만들기]

1. 냄비에 버터가 반쯤 녹으면 피칸을 제외한 모든 재료를 넣고 휘퍼로 잘 저어줍니다.

2. 2에 다진 피칸을 넣고 잘 섞어서 한 번 끓어오를 때까지 가열합니다.

3. 철판에 넓게 펼쳐서 150도 오븐에 8분간 굽습니다.

4. 식힌 후 필요한 사이즈로 잘라서 사용합니다.

4

MATERIAL
재료

우유 신선한 것을 사용하고 까눌레에서는 우유를 데워서 사용하되 끓어서 수분이 손실되지 않도록 주의합니다.

버터 버터는 상온의 것을 사용하면 우유가 과하게 끓는 것을 막을 수 있습니다.

설탕 까눌레에 단맛을 주고, 밀가루와 미리 혼합하여 글루텐이 과도하게 형성되지 않도록 합니다. 맛에 따라 메이플슈거, 황설탕 등으로 대체하여 사용할 수 있습니다.

전란 전란은 흰자와 노른자가 섞인 달걀 전체를 말합니다. 잘 풀어서 정확하게 계량합니다.

노른자 노른자는 까눌레의 맛을 내고, 형체를 형성하는 역할을 돕습니다.

밀가루 필요에 따라 강력분, 박력분을 일정량 섞어서 사용하고 있습니다. 강력분이 많아지면 밀가루에 글루텐이 과도하게 형성되어 까눌레가 과하게 부풀 수 있으며, 가루 양이 부족한 경우에는 잘 익지 못하고 형태를 유지하지 못하게 됩니다.

리큐르 까눌레의 풍미를 결정하는 중요한 재료입니다. 까눌레에 사용하는 리큐르는 반죽에 들어가서 오랜 시간 고온에서 구워지면서 알코올은 날아가고 각 리큐르가 가지고 있는 특유의 향을 남기게 됩니다. 이 책에서는 클래식 까눌레에서 꼭 사용해야 하는 럼에서부터, 의도하는 맛에 따라 다양하게 사용 가능한 다양한 리큐르를 소개하고 있습니다. 클래스를 진행하다 보면 리큐르를 꼭 넣어야 하는지에 대한 질문을 많이 받습니다. 물론 생략한다고 해서 제품이 안 만들어지지는 않지만 꼭 다양한 리큐르를 활용하여 각 제품의 풍미를 제대로 느낄 수 있는 까눌레를 만들어 보기를 권장합니다.

- **키리쉬** 체리를 발효, 증류하여 만들어진 브랜디입니다.

- **바나나 리큐르** 농축된 바나나 향이 함유된 바나나 고유의 맛과 향을 지닌 리큐르입니다.

- **바닐라 꼬냑** 마다가스카르 바닐라빈을 원료로 만들어 꼬냑이 깊은 맛과 바닐라빈의 부드럽고 오묘한 맛이 어우러진 리큐르입니다.

- **커피 리큐르** 커피 풍미를 더하기 위해 사용하는 커피 향의 리큐르입니다.

- **칼바도스** 사과를 발효, 증류하여 만들어진 증류주입니다.

- **럼** 사탕수수즙의 당밀을 원료로 한 리큐르. 숙성 기간과 향미에 따라 화이트, 골드, 다크럼으로 나뉩니다.

- **샴페인** 프랑스 샹파뉴 지방에서 생산된 스파클링 와인입니다.

우유   밀가루   버터   설탕   노른자   전란

키리쉬   바나나 리큐르   바닐라 꼬냑   커피 리큐르   칼바도스   럼   럼   샴페인

TOOLS
도구

까눌레 몰드   요철이 있는 모양으로 만들어진 까눌레 몰드는 구리로 된 것과 실리콘으로 된 것을 비교적 쉽게 구입할 수 있습니다. 이 책에서는 열전도가 좋은 구리로 된 틀을 권장합니다. 여러 가지 크기와 모양이 있으므로 필요에 따라 구입하여 사용합니다.

저울   계량을 정확히 하기 위해 꼭 필요한 저울. 까눌레는 재료가 조금 달라져도 결과물이 다르게 나오는 비교적 예민한 제품입니다. 정확한 계량을 위해 꼭 저울을 사용해 주세요. 필요에 따라 1g 단위와 0.1g 단위를 준비합니다.

온도계   재료의 온도를 재기 위해 필요한 도구. 직접 꽂아서 쓰는 온도계도 있고, 적외선온도계도 편리해요.

체   가루류를 체치는 굵은 체와, 완성된 반죽을 정리하고 걸러주는 고운 체를 준비해 주세요.

스텐볼   반죽을 만들기 위한 볼. 스텐으로 된 것이 세척이 용이하고 위생적입니다. 까눌레를 만들 때에는 큰 볼이 많이 필요하기 때문에 큰 것으로 여러 개 준비합니다.

거품기   재료를 균일하게 섞기 위한 도구. 까눌레는 반죽에 글루텐이 과도하게 형성되지 않는 것이 좋기 때문에 핸드믹서를 사용하지 않고 손 거품기만을 사용합니다.

고무주걱   재료를 섞거나 반죽을 깔끔하게 정리하는데 필요합니다.

장갑   뜨거운 몰드와 밀납을 사용하는 까눌레는 특히 더 데이는 것에 주의하는 것이 좋습니다. 두꺼운 장갑을 사용하는 것이 좋고, 목장갑을 2~3겹 겹쳐서 사용하는 것도 좋습니다.

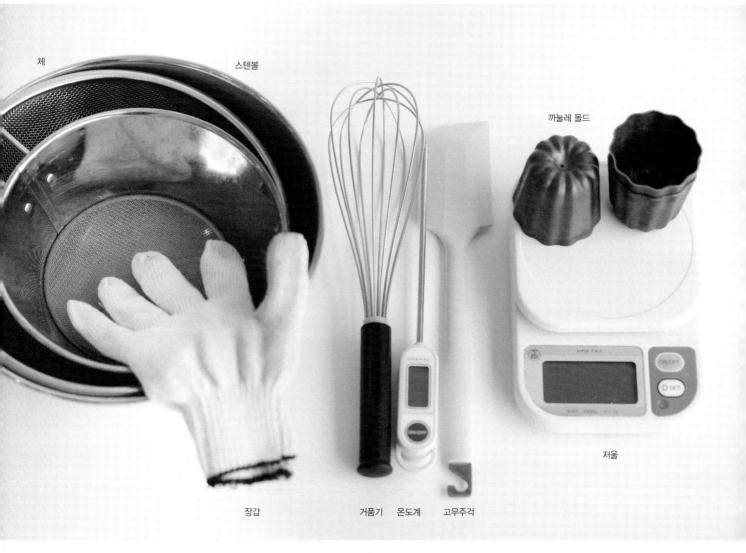

체   스텐볼

까눌레 몰드

저울

장갑   거품기   온도계   고무주걱

HAPPYHAPPY RECIPE, CANNELÉ
까눌레, 일상의 달콤한 순간이 되기를 바라며

까눌레, 그 매력에 푹 빠지게 되기를 바라는 마음을 담아
팀해피해피케이크 8명의 팀원이 함께 하였습니다.
김민정, 박혜진, 박시은, 여슬기, 한솔, 배빛나, 권한별, 이현지

˚ 김민정

여태까지의 해피해피레시피 시리즈 중 가장 많은 테스트를 했던 품목이었습니다.
까눌레라는 제품이 몇 가지 팁만 정확히 알고 지키면 만드는 것은 어렵지는 않지
만 아주 소량의 재료로도 모양과 텍스처가 정말 많이 달라지는 제품이기 때문에
더 섬세하고 더 정확한 레시피를 만들어서 책에 담고 싶었습니다. 이 책을 접하는
독자들이 이 소중한 레시피를 통해 까눌레를 좀 더 가까이 접하고 즐길 수 있게 되
기를 바랍니다. 함께 해준 팀해피해피케이크 선생님들께 감사합니다.

˚ 박혜진

만드는 공정은 쉽지만 여러 요소들이 잘 어울어야 하는 까눌레. 팀원들이 함께 테
스트하고 수많은 까눌레들을 맛보고, 또 테스트했던 시간들이 책에 고스란히 담겨
져 있습니다. 행복하고 재밌는 시간이었습니다. 이 책을 통해 까눌레의 매력을 함
께 즐길 수 있기를 기대해봅니다.

˚ 박시은

15가지 종류의 까눌레 모두 조화로운 맛과 내상, 어느 것 하나 그냥 지나치지 않고
최상의 까눌레를 담았습니다. 꼭 한 번씩 만들어 보고 즐거운 베이킹과 행복한 순
간을 함께 했으면 좋겠습니다.

˚ 여슬기

짝짝짝! 우리들의 네 번째 책이 나왔습니다. 이번 시리즈의 주제를 많이들 궁금해
하였는데, 네 번째 책의 주인공은 까눌레였답니다. 맛있는 15가지의 까눌레를 만
들기 위해 정말 많은 테스트를 하였습니다. 맛있는 까눌레는 겉은 바삭하고 속은
촉촉해요. 한 번 먹으면 자꾸 생각나는 이 매력적인 친구를 꼭 만들어 보았으면 좋
겠어요. 당신의 해피해피한 베이킹을 응원할게요.

∘ 한솔

조금은 예민한 까눌레에 다양한 재료를 조합하고 다듬기까지 어려운 순간도 있었
지만 많이 배울 수 있는 좋은 시간이었습니다. 저희의 오랜 고민과 셀 수 없이 많
은 테스트가 오롯이 담겨 있는 이 책을 통해 많은 분들이 이토록 사랑스러운 까눌
레와 좀 더 가까워지길 바랍니다.

∘ 배빛나

까눌레의 기본! 그리고 정말 색다른 까눌레를 만들어 보자는 마음으로 시작한 책!
끝없는 테스트 끝에 나온 보물 같은 레시피입니다. 모양은 모두 같지만 각각 재료
본연의 맛이 풍성히 담겨 있는, 믿고 만들고 믿고 먹을 수 있는 해피해피레시피,
네 번째이야기! 그 보물들을 꼭 만나기를 바랍니다.

∘ 권한별

이번 까눌레 책의 레시피를 만들면서 정말 셀 수도 없이 많은 테스트를 거쳤어요.
생각보다 굉장히 예민해서 생각하지 못한 변수들도 많았지만 발상의 전환으로 재
미있는 성과를 만들어 냈습니다. 그만큼 다양하고 재미있는 레시피들이 많은 책이
라고 생각합니다. 까눌레를 만들고자 하는 분들께 진정 도움이 되는 책이 될 거라
고 생각합니다. 추천합니다!

∘ 이현지

까눌레가 맛있는 해피해피케이크, 까눌레는 아무도 예상치 못했을 거라 생각합니
다. 낯설더라도 한번 맛보면 계속 생각날 거예요. 이 책에 온점을 찍기까지 얼마나
많은 노력과 도전이 있었는지 책을 펼치는 순간 느낄 수 있기를. 해피해피케이크
의 까눌레 함께 즐겨요!